Fischer

Die 10 Gebote erfolgreichen Verkaufens

Die 10 Gebote erfolgreichen Verkaufens

Konsequente Kundenorientierung in der Praxis

von

Michael Fischer

C.H.BECK

Zum Autor:

Michael Fischer

Michael Fischer ist Diplom Kaufmann und studierte Betriebswirtschaftslehre mit den Schwerpunkten Marketing und Handel an der Universität des Saarlandes in Saarbrücken. Nach seinem Studium war er als Geschäftsleiter bei unterschiedlichen Unternehmen an verschiedenen Standorten tätig. Innerhalb seiner über 20-jährigen Berufserfahrung kann Herr Fischer auf zahlreiche Unternehmensentwicklungen und Standortgründungen zurückgreifen.
Heute unterrichtet er als freiberuflicher Dozent für Betriebswirtschaftslehre an verschiedenen Bildungseinrichtungen und ist als Schulungs- und Seminarleiter für Unternehmen in der freien Wirtschaft tätig.
Weiterhin ist er in der Unternehmensberatung, mit den Schwerpunkten Gründungsmanagement, Mittelstandsberatung, Kundenakquise sowie Personal- und Vertriebsentwicklung aktiv. Als Seniorpartner der BFMT-Group werden von Herrn Fischer zahlreiche Existenzgründungen betreut und begleitet.

www.beck.de

ISBN 973-3-406-66830-2

Wilhelmstraße 9, 80801 München

Satz: Fotosatz Buck, Zweikirchener Str. 7, 84036 Kumhausen
Druck: Druckhaus Nomos, In den Lissen 12, 76547 Sinzheim
Umschlaggestaltung: fernlicht kommunikationsdesign, Gauting
Bildnachweis: ©mindscanner – Fotolia.com

Gedruckt auf säurefreiem, alterungsbeständigem Papier
(hergestellt aus chlorfrei gebleichtem Zellstoff)

So nutzen Sie dieses Buch

Um Ihnen das Lesen und Arbeiten mit diesem Buch zu erleichtern, hat der Autor verschiedene Stilelemente verwendet, die Ihnen das schnellere Auffinden bestimmter Texte ermöglichen. So finden Sie die Tipps und Musterformulare sofort.

✔ Hier finden Sie Tipps, Aufzählungen und Checklisten.

ℹ So sind „Merksätze“ gekennzeichnet.

Hier finden Sie Beispiele, die das Beschriebene plastisch erläutern und verständlich machen.

Die Zielscheibe kennzeichnet Zusammenfassungen und ein Fazit zum Kapitelende.

Hier finden Sie Übungen und Muster zum selber Ausfüllen und Nachrechnen.

Vorwort

Dieses Buch richtet sich an alle Verkäufer, Führungskräfte und Unternehmer, die für neue Ideen und Visionen in den Bereichen Verkaufsberatung und Kundenorientierung offen sind und auch über unkonventionelle Möglichkeiten nachdenken wollen. Einerseits wird das Basiswissen über Verkauf und Kundenorientierung aufgefrischt und vertieft, andererseits werden neue Möglichkeiten für verbesserte Beratungsqualität und professionelle Kundenbindung aufgezeigt.

Ob Handel, Industrie oder Dienstleistungssektor – dieses Buch spricht alle Bereiche der Wirtschaft an. Immer wenn der unmittelbare Kundenkontakt ansteht, es um Kundenorientierung, das Reklamationsmanagement und die kundenorientierte Unternehmensführung geht, finden Sie hier neue Impulse und Anregungen, übersichtlich aufbereitet, mit zahlreichen Beispielen veranschaulicht und mithilfe von Grafiken leicht verständlich dargestellt.

Zu Beginn eines jeden Kapitels liefert Ihnen ein real erlebtes Praxisbeispiel entweder Anregungen und Ideen für die Umsetzung im eigenen Unternehmen oder es zeigt Ihnen auf, was Sie tunlichst vermeiden sollten.

Die „10 Gebote des erfolgreichen Verkaufens" erinnern Sie an Grundlagen, die im operativen Tagesgeschäft eventuell in Vergessenheit geraten sind oder einer Auffrischung bedürfen, beleuchten aber auch komplexe Themen aus Sicht des Kunden. Dieses Buch will Ihnen Anregungen und Inspiration liefern und Sie zur Umsetzung animieren Es versteht sich als solide Informationsquelle zur Verbesserung der eigenen Verkaufstätigkeit und zur Optimierung der Kundenorientierung im Unternehmen und in Ihrer täglichen Arbeit.

Um eine gewisse Breite sicherzustellen und gleichzeitig beim Umfang nicht den Rahmen zu sprengen, kann über einige wenige Themen nur ein knapper Überblick gegeben werden. Zusätzlich wird dem Leser allerdings durch Literaturangaben die Möglichkeit zur Vertiefung einzelner Bereiche ermöglicht. Ich hoffe, dass mir dies in ausreichender Weise gelungen ist.

Bei Titulierungen habe ich der Einfachheit halber die männliche Form gewählt, die natürlich die weibliche einschließt.

Abschließend möchte ich mich noch beim Vahlen/Beck Verlag und insbesondere Herrn Kilian bedanken, der mir bei der Erstellung des Werkes alle erdenklichen Freiheiten ließ, und mir damit eine Realisierung in der vorliegenden Weise ermöglichte.

Allen Lesern dieses Buches wünsche ich viel Spaß und Inspiration.

München im September 2014 Michael Fischer

Inhalt

1. Kapitel: Basiswissen im Verkauf 13

1.1 Welche Eigenschaften bringen gute Verkäufer mit? 15
1.2 Verkäufer – das wichtigste Glied im Unternehmen 23
1.3 Erfolgsfaktoren im Verkauf 24
1.3.1 Verhalten kommt vor Fachkompetenz 25
1.3.2 Freundlichkeit und Hilfsbereitschaft 26
1.3.3 Äußeres Erscheinungsbild 28
1.4 Verkaufen kann man lernen 30
1.5 A I D A-Formel 32
1.6 Was früher nicht funktionierte, klappt vielleicht heute . . 33
1.7 Jeder Kunde ist mein Kunde 36
1.7.1 Kundenbedürfnisse gehen vor 37
1.7.2 Kundentypen 38
1.8 Vorbereitung auf das Verkaufsgespräch 39
1.9 Erstes Gebot 41

2. Kapitel: Kommunikation im Verkauf 43

2.1 Grundlegende Kommunikationsregeln im Verkauf 45
2.2 Erfolgreich kommunizieren im Verkauf 48
2.3 Man kann nicht nicht kommunizieren 51
2.3.1 Was ist nonverbale Kommunikation? 52
2.3.2 Eisberg-Modell 54
2.3.3 Kommunikationsmodell nach Friedemann Schulz von Thun 56
2.3.4 Nonverbalen Kommunikation im Verkauf 58
2.4 Zweites Gebot 60

3. Kapitel: Innere Einstellung – der Erfolgsmotor 61

3.1 Erfolg ist Einstellungssache 62
3.2 Drittes Gebot 67

4. Kapitel: Kundenansprache – der erste Eindruck zählt 69

4.1 Für den ersten Eindruck gibt es keine zweite Chance ... 71
4.2 Warum die richtige Ansprache so wichtig ist 72
4.3 Blickkontakt – auf Augenhöhe mit dem Kunden 74
4.4 „Was" und „wie" – Inhalt und Gestik im Gleichgewicht .. 75
4.5 Exkurs: Fragetechniken 78
4.6 Warum „Kann ich Ihnen helfen?" falsch ist 81
4.7 So sprechen Sie Kunden erfolgreich an 83
4.8 Viertes Gebot 84

5. Kapitel: Verkaufsphasen – der Schlüssel zum Erfolg 85

5.1 Phase 1: Sympathie wecken 87
5.2 Phase 2: Bedarfsermittlung 89
5.3 Phase 3: „Wann"-Frage 92
5.4 Phase 4: Preisfrage 93
5.5 Phase 5: Beratung 97
5.6 Phase 6: Abschluss 100
5.7 Phase 7: Einwand und Einwandbehandlung 103
5.8 Phase 8: Das zweite Gesicht 108
5.9 Fünftes Gebot 111

6. Kapitel: Kundenorientierung auf höchstem Niveau 113

6.1 Der Kunde ist König, aber 116
6.2 Was Kunden erwarten und was sie stört 117
6.3 Der Kunde kommt zurück, das Produkt nicht 120
6.4 Customer Relationship Management 121
6.5 Pre Sale – At Sale – After Sale 122
  6.5.1 Pre-Sale-Service 122
  6.5.2 At-Sale-Service 123
  6.5.3 After-Sale-Service 123
6.6 Kundenorientierung, →-zufriedenheit, →-bindung 126
6.7 Kundenbindung und Social Media 128
6.8 So verbessern Sie Ihre Kundenorientierung 131
6.9 Kundenerwartungen übertreffen 133
6.10 Bedingungslose Kundenorientierung 136
6.11 Sechstes Gebot 139

7. Kapitel: Mitarbeiter als Bestandteil der Kundenorientierung 141

7.1 Zufriedene Mitarbeiter – zufriedene Kunden 143
7.2 Arbeiten mit und ohne Checkliste 147
7.3 Exkurs: Mitarbeitergespräche effizient führen 149
7.3.1 Organisation 151
7.3.2 Ablauf 151
7.4 Siebtes Gebot 159

8. Kapitel: Optimale Verkaufsbereitschaft 161

8.1 Kein Artikel ohne Preis 163
8.2 „Muss-Artikel" verfügbar halten 165
8.3 Ordnung & Sauberkeit, Beleuchtung & Musik 167
8.4 Ansprechende Warenpräsentation 168
8.4.1 Kundenwünsche an die Warenpräsentation 169
8.4.2 Aktions- und Themenflächen 169
8.5 Saisonkalender 170
8.6 Achtes Gebot 176

9. Kapitel: USP-Faktor 177

9.1 Was ist ein Alleinstellungsmerkmal? 177
9.2 Wie entstehen Alleinstellungsmerkmale? 179
9.3 Neuntes Gebot 181

10. Kapitel: Professionelles Reklamationsmanagement 183

10.1 Das kann jedem passieren 187
10.2 Grundsätze des Beschwerdemanagements 187
10.3 Soll ich wirklich reklamieren? 190
10.4 Herzlichen Glückwunsch, Sie haben eine Reklamation . . 192
10.5 Erwartungshaltung des Kunden 193
10.6 Grundsätze des professionellen Reklamationsmanagements 195
10.7 Beschwerdemanagement in 5 Schritten 198
10.8 Zehntes Gebot 202

11. Kapitel: Kundenorientierte Unternehmensführung 203

11.1 Aus- und Weiterbildung – Pizza oder Nudeln? 205
11.2 Management-Regelkreis 208
11.3 Führungsstile beeinflussen die Kundenorientierung 211

12. Kapitel: Rolle der Führungskraft bei der Verkaufssteuerung 215

Stichwortverzeichnis 219

1. Kapitel

Basiswissen im Verkauf

1

Kunde droht mit Auftrag

In meiner Tätigkeit als Dozent setze ich PowerPoint-Präsentationen ein, die ich auf USB-Sticks speichere. Zur Sicherung der Daten und zur Vorbereitung auf ein neues Themengebiet benötige ich immer wieder einmal einen neuen Stick. Mit der festen Absicht eben einen solchen zu erwerben, betrat ich deshalb eines Nachmittags ein kleines PC-Fachgeschäft. Zunächst begab ich mich auf eigene Faust auf die Suche nach den Speichermedien. Da ich nicht fündig wurde, war ich gezwungen, nach einem Verkäufer zu suchen. In einer Ecke des Geschäftes sah ich einen jungen Mann, der offenbar gerade einen PC reparierte. Dies musste also ein Mitarbeiter des Unternehmens sein. Er hätte mich eigentlich bereits bei meiner erfolglosen Suche gesehen haben müssen – die Anzahl der zu dieser Zeit anwesenden Kunden war sehr überschaubar.

Trotzdem gab ich mich deutlich als kaufwilliger Kunde zu erkennen und sprach ihn an: „Entschuldigen Sie bitte, ich suche einen Speicherstick für den PC." (Eigentlich ein Paradoxon – Wieso sollte man sich beim Verkäufer des Unternehmens entschuldigen?). Daraufhin wurde ich weder gegrüßt noch eines Blickes gewürdigt. Stattdessen zeigte mir der Verkäufer mit ausgestrecktem Arm die Richtung an, in der sich vermutlich die Sticks befanden, kommentierte mit den Worten „dort hinten" und ging weiter seiner Beschäftigung nach.

Ich ließ mich von meinem Vorsatz nicht abbringen und bewegte mich in Richtung der mir per Arm angewiesenen Stelle. Da ich trotzdem nicht fündig wurde, steuerte mich der Mitarbeiter wortlos mit weiteren Armgesten (ähnlich wie Flughafenpersonal einem gelandeten Flugzeug ein Gate zuweist), bis ich tatsächlich in einer kleinen Nische die Speichermedien erspähte.

Ziemlich verärgert begab ich mich dann mit einem USB-Stick an die Kasse, wo mich, Sie werden es erraten, mein Freund der „PC-Doktor", erwartete. Als ich bezahlen wollte, stellte ich fest, dass die Blisterhülle des Sticks beschädigt war und man den Stick einfach so hätte herausnehmen können. Als ich den Verkäufer darauf hinwies, bekam ich als Antwort: „Der geht trotzdem." Endgültig am Ende meiner Geduld angelangt, wünschte ich dem Verkäufer einen schönen Tag und verließ verärgert das Geschäft, mit dem Vorsatz es nie wieder zu betreten.

Was lief hier schief?

Was ist Ihrer Meinung nach der größte Fehler, den der Verkäufer gemacht hat?

- Er hat im Ladengeschäft einen Computer repariert.
- Er hat keine Gesprächsbereitschaft signalisiert.
- Er hat den Kunden nicht im Auge behalten.
- Er gibt dem Kunden das Gefühl, dass er stört.

Dass der Verkäufer einen Computer reparierte und mich nicht ununterbrochen bei meiner Suche beobachtete, hat mich nicht sonderlich gestört. Richtig geärgert hat mich, dass er mir deutlich zu verstehen gab, dass ich ihn störe und ihn bei seiner Arbeit unterbreche. Vielleicht haben Sie eine ähnliche Situation schon einmal erlebt. Manchen Verkäufern sieht man den Unwillen bereits am Gesichtsausdruck an, wenn sie merken, dass ein Kunde sich nicht abbringen lässt und auf sie zusteuert.

Bei allem Verständnis für die Wichtigkeit einer PC-Reparatur und der damit verbundenen Vertiefung in den Sachverhalt, das Verhalten dieses Pseudo-Verkäufers, so möchte ich ihn einmal bezeichnen, hatte nichts, aber auch gar nichts, mit normalem Kundenkontakt zu tun.

Ein dezenter Hinweis, ein kleines Signal, wie z. B. „Ich bin gleich für Sie da", vielleicht verbunden mit einem Lächeln, hätte die Situation in einem völlig anderen Licht erscheinen lassen.

Dieser Vorfall verdeutlicht, dass es manchen Verkäufern nicht bewusst ist, welchen Schaden sie anrichten, wenn sie die Grundregeln des Verkaufs, und hier insbesondere die Verhaltensregeln, nicht beherrschen.

1.1 Welche Eigenschaften bringen gute Verkäufer mit?

„Verkaufen kann doch jeder", so lautet die weitverbreitete These, die so manchem Verkäufer die Zornesröte ins Gesicht treibt. Das Ansehen des Berufes „Verkäufer" ist im deutschsprachigen Raum leider immer noch mit Vorurteilen behaftet. Viele sehen den Beruf als minderwertig an, mit schlechten Arbeitszeiten und unzureichender Qualifikation.

Dabei sollte genau das Gegenteil der Fall sein. Es gibt fast keinen abwechslungsreicheren, spannenderen und interessanteren Beruf, als den des Verkäufers. Im Verkauf entsteht der Kontakt zu vielen unterschiedlichen Kundentypen. Kein Tag ist wie der andere und Langeweile eher ein Fremdwort. Vielleicht kommt der Begriff des Kundenberaters dem des Verkäufers am nächsten. Kundenberater fungieren als Schnittstelle zwischen Kunde und Produkt und nehmen somit eine zentrale Rolle im Verkauf ein. Gerade im Dienstleistungssektor ist der Verkäufer bzw. der Kundenberater als Bindeglied unersetzlich.

Wenn Sie als Unternehmer einen Mitarbeiter einstellen wollen, werden Sie sicherlich bei einem Einstellungsgespräch sehr genau prüfen, ob der Kandidat der richtige für Sie ist und ob er dem anstehenden Aufgabenbereich gewachsen ist. Sie werden Lebensläufe lesen, vertriebsspezifische Fragen stellen und nach eindeutiger Prüfung eine Entscheidung treffen. Weiterhin bauen Sie im Arbeitsvertrag noch einen Sicherheitsfallschirm ein, indem Sie mit dem neuen Mitarbeiter eine Probezeit vereinbaren.

Stellen Sie sich als Verkäufer doch einmal die folgende Frage: „Erfülle ich die notwendigen persönlichen und fachlichen Voraussetzungen, um den Aufgaben im Vertrieb gewachsen zu sein?"

Die unten aufgeführten 20 Fragen und das anschließende Auswertungsschema sollen Ihnen helfen herauszufinden, ob Sie die geforderten Eigenschaften im Verkauf erfüllen. Wichtigste Voraussetzung zu einem aussagefähigen Ergebnis ist die absolute Ehrlichkeit bei der Beantwortung der Fragen. Falls Sie mogeln, betrügen Sie sich selbst und verzerren die Auswertung. Vielleicht lassen Sie eine Ihnen nahestehende Person die Fragen lesen und hören sich deren Einschätzung in Ruhe an. Sollten sich sehr viele Übereinstimmungen ergeben, untermauert dies Ihre persönliche Einschätzung, wenn nicht sollten Sie sich nochmals ernsthaft mit dem Thema auseinandersetzen.

Testen Sie Ihre Verkäufereigenschaften

Der folgende Fragebogen unterteilt sich in persönliche und fachliche Komponenten und ist nach einem einfachen Schema aufgebaut. Sie haben die Wahl zwischen drei Antworten: a), b) und c). Hinter jeder Antwort verstecken sich Punkte, die dann in der Summe in der anschließenden Auswertung erste konkrete Hinweise auf Ihre Eignung zum Verkaufsprofi liefern. Die Punkteauswertung finden Sie im Anschluss an die Fragen – bitte erst lesen, wenn Sie den Test abgeschlossen haben. Sollte eine Antwort nicht Ihren realen Bedingungen entsprechen, wählen Sie die für Sie plausibelste Antwort aus. Auf eine direkte Kennzeichnung der Punkte hinter den einzelnen Fragen wurde aus Gründen der Beeinflussung verzichtet.

Persönliche Komponenten:

1. Sind Sie bereit, am Wochenende und auch unter der Woche abends bis 20:00 Uhr oder 21:00 Uhr zu arbeiten? (Sie werden nicht um Punkt 20:00 Uhr den Betrieb verlassen können.)

   - ☐ Ja, arbeite ich jetzt auch.
   - ☐ Ja, eine längere Zeit schon, aber nicht über Jahre.
   - ☐ Eigentlich ist der Samstag für mich ein freier Tag und in der Woche möchte ich abends spätestens um 18:00 Uhr zuhause sein.

2. Sind Sie bereit, zwischen Weihnachten und Neujahr zu arbeiten und auch am Ostersamstag?

   - ☐ Ja, das gehört dazu.
   - ☐ Ja, aber nicht jedes Jahr.
   - ☐ Nein, diese Tage verbringe ich lieber im Kreise meiner Familie.

3. Hat Ihr Partner Verständnis dafür, dass Sie andere Arbeitszeiten haben und auch am Wochenende „im Einsatz" sind?

   ☐ Ja, voll und ganz.

   ☐ Ja, bedingt.

   ☐ Mein Partner legt großen Wert auf ein geregeltes Arbeitsleben, hierzu gehören auch freie Zeiten, wie beispielsweise zwischen Weihnachten und Silvester.

4. Können Sie sich vorstellen, Ihre Kinder eine Woche lang abends nicht zu sehen?

   ☐ Nein!

   ☐ Ja, auch wenn es mir schwerfällt.

   ☐ Ja, aber nur in Ausnahmefällen.

5. Bearbeiten Sie gerne Reklamationen und setzen sich mit Beschwerden der Kunden umgehend auseinander?

   ☐ Ich bin der geborene Verkäufer, Reklamationen überlasse ich den Spezialisten.

   ☐ Kommt auf die jeweilige Situation an.

   ☐ Ja, Reklamationen sehe ich als Chance der Kundenbindung.

6. Reagieren Sie bei Stress ruhig oder emotional?

   ☐ Ich bin die Ruhe selbst, auch wenn es richtig stressig wird.

   ☐ Ab und zu reagiere ich emotional, in der Regel bin ich aber eher ruhig.

   ☐ Ich bin eher ungeduldig, auch ohne Stress. Manche Dinge können mir nicht schnell genug gehen.

7. Haben Sie Humor?

   ☐ Ja, ich lache gerne und stecke andere mit meiner Art an.

   ☐ Humor ist eine Emotion und hat im Verkauf nichts zu suchen.

   ☐ In der Ruhe liegt die Kraft. Humor habe ich, wenn es notwendig ist.

8. Sind Sie bereit, täglich neue Dinge zu lernen und Ratschläge anzunehmen?
   - ☐ Ja, man lernt nie aus.
   - ☐ Ja schon, aber ich verlasse meine Linie nicht.
   - ☐ Nein, ich verlasse mich nur auf mich selbst und meine eigene Philosophie.
9. Sind Sie kontaktfreudig und können gut mit Menschen umgehen?
   - ☐ Ich arbeite mehr im Hintergrund und organisiere lieber.
   - ☐ Ja, es gehört leider dazu, mit Kunden umzugehen. Ich mache es nicht gerne, aber ich beherrsche den Umgang mit den Kunden.
   - ☐ Ja, bei mir fühlen die Menschen sich wohl und ich spreche gerne Kunden an.
10. Freundlichkeit und Hilfsbereitschaft sind …
    - ☐ … ein notwendiges Muss für jeden Verkäufer.
    - ☐ … gute schauspielerische Fähigkeiten im Verkauf.
    - ☐ … Basiselemente für den erfolgreichen Verkauf.

Fachliche Komponenten:

1. Kommen Sie aus dem Bereich des Vertriebs?
   - ☐ Ja!
   - ☐ Habe öfters im Vertrieb gejobbt.
   - ☐ Nein!
2. In welchem Umfang konnten Sie bereits Verkaufserfahrung sammeln?
   - ☐ Ich verfüge über jahrelange Verkaufserfahrung.
   - ☐ Ich kenne mich im Verkauf aus, da ich dort öfters gearbeitet habe.
   - ☐ Ich arbeite in einem anderen Bereich, kann mir aber vorstellen, dass ich auch den Verkauf meistern kann.

3. Was schätzen Sie im Verkauf höher ein, das Fachwissen oder das serviceorientierte Verhalten?

   ☐ Serviceorientiertes Verhalten.

   ☐ Fachwissen.

   ☐ Beide sind gleich wichtig.

4. Kundenorientierung ist …

   ☐ … das Wohlbefinden des Kunden.

   ☐ … das Kümmern um den Kunden vor, während und nach dem Kauf.

   ☐ … wenn der Kunde zufrieden ist und keine Reklamation hat.

5. Verfügen Sie über eine entsprechende Berufsausbildung oder Weiterbildung?

   ☐ Ich komme aus dem Handel und habe dort gelernt.

   ☐ Ich bin Quereinsteiger mit einer Learning-by-doing-Ausbildung.

   ☐ Nein!

6. Besitzen Sie betriebswirtschaftliche und kaufmännische Kenntnisse?

   ☐ Ja, ich habe eine kaufmännische Ausbildung.

   ☐ Teilweise, ich habe eine Weiterbildung im Bereich Bürokauffrau/-mann gemacht.

   ☐ Nein!

7. Was verstehen Sie unter Reklamationsmanagement?

   ☐ Die Reklamation so schnell wie möglich im Sinne des Kunden bearbeiten.

   ☐ Bei mir gibt es keine Reklamationen.

   ☐ Erst wird verkauft, dann kümmere ich mich um die Reklamation.

8. Was verstehen Sie unter „absoluter Kundenorientierung“?
   - ☐ Ich bin der Sklave des Kunden.
   - ☐ Der Kunde hat immer Recht, auch wenn er im Unrecht ist.
   - ☐ Absolute Kundenorientierung gibt es nicht.
9. Der Aussage: „Der Preis ist das wichtigste Entscheidungsinstrument im Verkauf“, …
   - ☐ stimme ich zu.
   - ☐ stimme ich teilweise zu.
   - ☐ stimme ich nicht zu.
10. Bei beratungsintensiven Produkten ist eine Vorbereitung auf das Verkaufsgespräch …
   - ☐ wichtig, egal ob der Kunde unangemeldet vorbeikommt oder einen Termin hat.
   - ☐ unwichtig, ein guter Verkäufer muss improvisieren können.
   - ☐ wichtig, aber nicht planbar, was eine starke kreative Leistung des Verkäufers erfordert.

Auswertung des Verkäufertests					
Persönliche Komponenten					
1a	3 Punkte	2a	3 Punkte	3a	3 Punkte
1b	2 Punkte	2b	2 Punkte	3b	2 Punkte
1c	1 Punkt	2c	1 Punkt	3c	1 Punkt
4a	1 Punkt	5a	1 Punkt	6a	3 Punkte
4b	3 Punkte	5b	2 Punkte	6b	2 Punkte
4c	2 Punkte	5c	3 Punkte	6c	1 Punkt
7a	3 Punkte	8a	3 Punkte	9a	1 Punkt
7b	1 Punkt	8b	2 Punkte	9b	2 Punkte
7c	2 Punkte	8c	1 Punkt	9c	3 Punkte

10a	2 Punkte				
10b	1 Punkt				
10c	3 Punkte				
Fachliche Komponenten					
1a	3 Punkte	2a	3 Punkte	3a	3 Punkte
1b	2 Punkte	2b	2 Punkte	3b	1 Punkt
1c	1 Punkt	2c	1 Punkt	3c	2 Punkte
4a	2 Punkte	5a	3 Punkte	6a	3 Punkte
4b	3 Punkte	5b	2 Punkte	6b	2 Punkte
4c	1 Punkt	5c	1 Punkt	6c	1 Punkt
7a	3 Punkte	8a	2 Punkte	9a	2 Punkte
7b	1 Punkt	8b	3 Punkte	9b	3 Punkte
7c	2 Punkte	8c	1 Punkt	9c	1 Punkt
10a	3 Punkte				
10b	1 Punkt				
10c	2 Punkte				

Interpretation des Verkäufertests	
Punkte	**Interpretation**
50–60 Punkte	Sie sind der absolute Verkaufstyp – packen Sie es an! Als Vollblutverkäufer gehen Sie gerne auf Menschen zu und sind in der Lage, sich in den Kunden „hineinzuversetzen“. Für Sie steht der Kunde immer im Zentrum Ihrer Bemühungen und Sie sind erst zufrieden, wenn der Kunde zufrieden ist.
38–49 Punkte	Verkaufen ist für Sie kein Problem. Sie finden sich als Verkäufer wieder, haben aber einige offene Fragen und verspüren bei manchen Gedanken etwas Unsicherheit. Bearbeiten Sie konsequent alle verkaufsbezogenen Fragen mit Umsicht und Selbstbewusstsein, dann wird sich der Erfolg einstellen.

Interpretation des Verkäufertests	
Punkte	**Interpretation**
26–37 Punkte	Selbstzweifel und Unsicherheit machen sich breit und viele Fragen bleiben für Sie unbeantwortet. Vielleicht sollten Sie sich mit der Frage, ob Sie die Position des Verkäufers ausfüllen können, etwas Zeit lassen und prüfen das ganze Vorhaben nochmals im Detail. Eventuell sprechen Sie einmal mit Menschen aus Ihrer näheren Umgebung und fragen nach, wie diese Sie bezüglich einer Tätigkeit im Verkauf einschätzen.
unter 26 Punkte	Nicht entmutigen lassen! Zwar entspricht die erreichte Punktzahl nicht der eines „Vollblutverkäufers“, aber noch sind „Hopfen und Malz“ nicht verloren. Überdenken Sie nochmals Ihre Antworten und versetzen Sie sich gedanklich einmal in die Situation eines Verkäufers. Vielleicht beantworten Sie die Fragen zu gegebener Zeit erneut.

Keyfacts für den Verkauf

Folgende Keyfacts sind für den Verkauf von elementarer Bedeutung:

Freundlichkeit – Zuverlässigkeit – Vertrauen – Lösungen – Leistungsbereitschaft – Zufriedenheit – Pünktlichkeit – Höflichkeit – Ehrlichkeit – Hilfsbereitschaft – partnerschaftliches Verhältnis–Erwartungen des Kunden erfüllen – Fachkompetenz – Kundenbindung – erstklassige Leistung – Problemlöser – Schnelligkeit – Offenheit – Identifikation mit dem Kunden – Kontrolle – Ruhe – Qualität – Motivation – Präzision – optimales Preis-Leistungsverhältnis – Anerkennung des Kunden –faire Zusammenarbeit mit dem Kunden – offene Kommunikation – Wissen – Informationsaustausch – Respekt – Kundenorientierung …

Auffällig ist, dass die meisten Keyfacts aus dem Bereich des persönlichen Verhaltens, also der Serviceorientierung, stammen. Dieses Phänomen wird im Verkauf oft unterschätzt. Es hängt mit den menschlichen Bedürfnissen und Wünschen zusammen, die sich in Sympathie oder Antipathie äußern und bei jedem Menschen unterschiedlich stark ausgeprägt sind. Für den erfolgreichen Abschluss eines Verkaufsgespräches müssen sie berücksichtigt werden.

Die Liste ließe sich beliebig fortführen, zeigt jedoch, dass, entgegen der allgemeinen Einschätzung, nicht das fachliche Wissen den Schwerpunkt im Verkauf darstellt, sondern eher die kundenorientierte Verhaltensweise – die Serviceorientierung – den Ausschlag zum erfolgreichen Abschluss eines Verkaufsgespräches gibt. Diese, vielleicht überraschende Erkenntnis, lässt sich auf eine einfache Feststellung reduzieren, die den Erfolg im Verkauf auf den Punkt bringt.

> Gute Verkäufer zeichnen sich nicht nur durch fundiertes Fachwissen aus, sondern auch durch Kompetenzen im persönlichen Bereich.

1.2 Verkäufer – das wichtigste Glied im Unternehmen

Der Verkäufer ist innerhalb der Wertschöpfungskette das letzte, aber auch wichtigste Glied und hat so unmittelbar, wie kaum ein anderer Mitarbeiter im Unternehmen, Einfluss auf das Unternehmensergebnis. So elementar auch andere Unternehmensfunktionen, wie Lagerhaltung, Beschaffung oder Finanzierung sind, der Vertrieb, mit dem Verkäufer an der Spitze, ist maßgeblich am Erfolg des Unternehmens beteiligt.

Neben seiner eigentlichen Tätigkeit, dem Verkaufen, ist der Kundenberater auch für die Neukundengewinnung und das Binden von Bestandskunden verantwortlich. Dieser exponierten Stellung im Unternehmen sind sich viele Verkäufer leider nicht bewusst.

Weiterhin muss der Verkäufer heutzutage ein hohes Maß an Flexibilität mitbringen, um sich dynamischen Veränderungsprozessen anpassen zu können. Kunden sind vorsichtiger und kritischer geworden. Durch die Entwicklung im technologischen Sektor kann der Kunde nicht nur Produkte unmittelbar vergleichen, er verfügt auch über Informationen und Vergleichswerte anderer Käufer. Über die Jahre haben sich Plattformen entwickelt, die zahlreiche Prozesse und Produktbeurteilungen transparent machen.

Informationen sind allgegenwärtig und leicht zugänglich, deshalb setzen Verbraucher sich intensiv mit dem Angebot auseinander und verschaffen sich einen Überblick über die einzelnen Produkte. Ist die Entscheidung für den Kauf eines Produktes gefallen, verlangt der Kunde exzellente Beratung und einen kundenorientierten Service. Er will wissen, worin der Unterschied zum Wettbewerbsprodukt liegt und versucht, über selbsterstellte Vergleiche mehrerer Angebote den Preis zu drücken. Genau hier liegen der Anspruch und die Herausforderung für den modernen Verkäufer.

Die Unternehmen mit den besten Verkäufern werden dieser neuen Herausforderung heute und in Zukunft gewachsen sein. Kein Unternehmen kann sich eine schwache Beratung oder unprofessionelles Auftreten der eigenen Verkäufer leisten. Das Wort „Vertrauen" erfährt im Verhältnis Kunde – Verkäufer eine ganz neue Bedeutung. Der Verkäufer muss sich für den Kunden Zeit nehmen, ihn ausführlich beraten, seine Anregungen berücksichtigen und Kundenwünsche erfüllen oder gar übertreffen. Und trotzdem gibt es, bei all den oben aufgeführten Erfordernissen und deren Umsetzung, keine Garantie, dass sich der Kunde für das Produkt oder das Angebot Ihres Unternehmens entscheidet oder nicht doch im Internet kauft. Sie müssen deshalb stärken, was das Internet nicht bietet: fundierte Beratung und guten Service. Damit steigt auch der Anspruch an Ausbildung und permanente Weiterbildung des Verkaufspersonals, was Unternehmen durch interne und externe Schulungen fördern sollten.

Basics, die wesentlich zu einer erfolgreichen Karriere im Verkauf beitragen können, erleichtern die Entscheidung, ob Sie für den schönen Beruf des Verkäufers geeignet sind oder vielleicht eher weniger. Fragen Sie sich doch einmal selbst, welche Faktoren, aus Ihrer Sicht für den Verkauf wichtig sind. Überlegen Sie kurz und halten Ihre Argumente gedanklich fest oder schreiben Sie sie nieder.

1.3 Erfolgsfaktoren im Verkauf

Manchmal werden einfache Sachverhalte sehr komplex dargestellt, meist so, dass Fachbücher notwendig sind, um die angesprochenen Themen zu verstehen.

Erfolgreiches Verkaufen hingegen lässt sich auf eine einfache Formel reduzieren:

i **Die Erfolgsformel für den Verkauf**

$$\text{Erfolg im Verkauf} = \frac{\text{Fachwissen}}{2} \times \text{Serviceorientierung}^2$$

Die meisten Verkäufer sind der festen Überzeugung, mit überragendem Fachwissen beim Kunden zu „punkten". Je mehr sie wissen, desto eher kommen Sie zum Abschluss und damit vielleicht in den Genuss der festgelegten Provision. Diese Fehleinschätzung bewirkt oft das Gegenteil und der Verkäufer kann sich nicht erklären, weshalb der Kaufvertrag nicht zustande kommt. Selbstzweifel sind die Folge und eventuell der noch stärkere Wille fachliche Lücken zu schließen.

1.3.1 Verhalten kommt vor Fachkompetenz

Es soll nicht der Eindruck entstehen, fachliches Wissen sei unnötig, ganz im Gegenteil, die fachliche Kompetenz ist die Voraussetzung, um überhaupt den Einstieg in das Verkaufsgespräch zu finden. Jedoch wird das fachliche Wissen meist überschätzt und die verhaltensorientierte Komponente eher unterschätzt. Das Produkt oder die Dienstleistung, die Sie anbieten, gibt es woanders auch, der Kunde kauft Sie und nicht das Produkt, aber dazu in späteren Kapiteln mehr. Ein Beispiel soll den Sachverhalt verdeutlichen.

Fachwissen ist wichtig, aber nicht alles

Wenn Sie ein Auto erwerben möchten und sich in einem Autohaus Ihrer Wahl umschauen, dauert es in der Regel nicht lange, bis ein Verkäufer sich „Ihrer annimmt". Nach einer kurzen Begrüßung beginnt der Verkäufer damit, Ihnen die Vorzüge des ausgewählten Modells zu vermitteln. Angefangen von den Newton-Metern des Drehmoments, den Karbonbremsen, der Leichtbauweise der Karosserie, bis hin zur Einspritzdüse im Motor. Die logische Konsequenz wird sein, dass Sie irgendwann innerlich abschalten, da Sie den fachkundigen Erläuterungen des Verkäufers nicht mehr folgen können. Oder wollen Sie wirklich wissen, aus welchem Material der Unterboden des Autos besteht oder wie ein Verbrennungsmotor funktioniert?

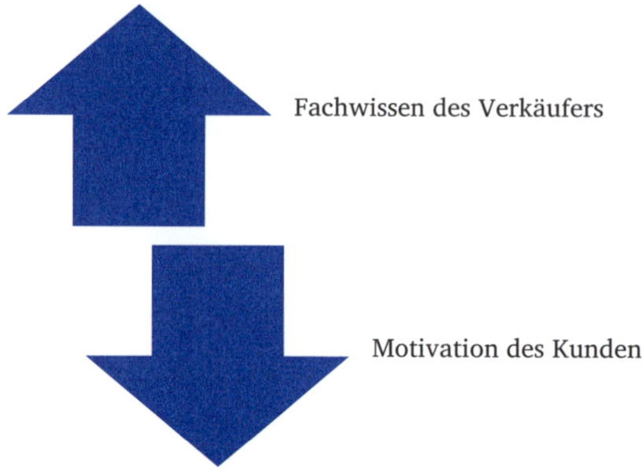

Fallende Motivation des Kunden bei steigendem Fachwissen des Verkäufers

Nimmt die Wissensvermittlung des Verkäufers Dimensionen an, die den potenziellen Käufer überfordern, sinkt der Kaufwunsch rapide und die Wahrscheinlichkeit, dass ein Verkaufsabschluss zustande kommt, nimmt überproportional ab.

Ohne Frage sind grundlegende Informationen wie Verbrauch, Garantie, Farbe, Preis, Extras etc. wichtig, aber sie sind sicherlich nicht alleine für den Abschluss eines Kaufvertrages ausschlaggebend, da das Fahrzeug bei einem anderen Händler die gleichen Eigenschaften besitzt.

Somit drängt sich die Frage auf, welche zusätzlichen Faktoren müssen für einen erfolgreichen Verkaufsabschluss berücksichtigt werden?

Die entscheidenden Argumente liegen weniger im fachlichen Bereich, als vielmehr im Verhalten des Verkäufers gegenüber dem Kunden und dieses Verhalten beginnt mit ganz einfachen Grundregeln – Freundlichkeit und Hilfsbereitschaft.

1.3.2 Freundlichkeit und Hilfsbereitschaft

Kernelemente eines kundengerechten Service sind zweifelsohne Freundlichkeit und Hilfsbereitschaft. Bereits Kinder lernen von ihren Eltern grundlegende Verhaltensweisen wie „bitte" und „danke" oder dass man die Nachbarn grüßt. Die geringsten Formen der Höflichkeit setzen somit keine außergewöhnliche Ausbildung voraus. Also müssten alle Verkäufer diese einfachen Grundregeln beherrschen. Aber ist das wirklich so? In wie vielen Geschäften betritt man als Kunde den Eingangsbereich, begegnet den ersten Mitarbeitern und wartet vergebens auf eine freundliche Begrüßung? Achten sie selbst einmal darauf, wie oft Sie gegrüßt werden, bzw. ob Sie überhaupt begrüßt werden, wenn Sie ein Unternehmen betreten.

Grüßen gehört zum Pflichtprogramm

Jeder Kunde wird gegrüßt – immer mit einem Lächeln, auch wenn er nicht von Ihnen persönlich bedient wird oder keinen Umsatz in Ihrem Unternehmen generiert!

Viele Unternehmen lassen sich die Aus- und Weiterbildung ihrer Mitarbeiter eine Menge Geld kosten und investieren somit in die Zukunft der Mitarbeiter und in die Existenz des Unternehmens. Eine Vielzahl der angebotenen und durchgeführten Seminare orientiert sich an fachlichen Inhalten, wohingegen Kundenorientierung, Kundenbindung und Kundenservice teilweise vernachlässigt werden. Dabei würde eine Auffrischung der angemessenen Verhaltensweisen im Umgang mit Kunden manchen Mitarbeitern recht gut zu Gesicht stehen. Defizite in diesem Bereich lassen sich an folgenden Beispielen recht deutlich darstellen.

„Zehnte Reihe, drittes Regal, ganz rechts außen."

In einem SB-Warenhaus erkundigt sich eine ältere Kundin nach einem bestimmten Artikel. Nachdem sie einen Verkäufer angesprochen hat, erklärt ihr dieser den Weg zum Regal: „„…dann gehen Sie ungefähr 25 Meter geradeaus und biegen an dem Schild „Konserven" rechts ab, danach laufen Sie den Gang bis zum Ende entlang und biegen danach links ab. Von dort sehen Sie bereits die gesuchte Abteilung und dann ist es das vierte Regal von rechts …".

Deutschland – Servicewüste. Warum ist es nicht möglich, die ältere Kundin zu begleiten oder einen Kollegen aus der Abteilung anzurufen, damit dieser der Kundin entgegen geht und sie in Empfang nimmt? Kostet das so viel Zeit oder hängt es mit Trägheit und Lustlosigkeit zusammen? In diesem konkreten Fall mag die Freundlichkeit vielleicht noch vorhanden sein, von Hilfsbereitschaft kann jedoch keine Rede sein.

„Sie schaffen das schon!" … oder?

In einem Möbel-Einrichtungshaus war die automatische Drehtür ausgefallen. Direkt neben dem Haupteingang befindet sich eine Notausgangstür, die daraufhin für den Publikumsverkehr geöffnet wurde. Eine Kundin betrat mit ihren beiden Kindern das Einrichtungshaus und wurde von den Mitarbeitern an der Information gegenüber dem Eingang freundlich begrüßt. Als die Kundin nach einer Stunde das Möbelhaus wieder verlassen wollte, hielt Sie in beiden Händen eine Tragetasche und die Kinder trugen ebenfalls jeweils eine Einkaufstasche. Die Mitarbeiter an der Information, an der zu diesem Zeitpunkt kein Kunde stand, verabschiedeten die Kundin sehr höflich, wünschten ihr ein schönes Wochenende und widmeten sich wieder ihrem „Smalltalk". Die Kundin hatte derweil Probleme, die Tür zu öffnen. Die beiden Mitarbeiter erkannten die Situation und feuerten sie durch Sprüche wie „geht schon" oder „sie schaffen das" an, ohne auf die Idee zu kommen, der mittlerweile erbosten Kundin zur Hand zu gehen. Schließlich öffneten andere Kunden die Tür von außen und die Familie konnte das Einrichtungshaus verlassen. Freundlichkeit? – Na ja. Hilfsbereitschaft? – eine Katastrophe.

Der erste und der letzte Eindruck bleiben beim Kunden nachhaltig in Erinnerung und bilden die Basis für die Beurteilung der Kundenorientierung des Unternehmens. Man braucht also nicht viel Fantasie, um sich vorzustellen, welchen Eindruck die Kundin von dem Einrichtungshaus mitgenommen hat. Die Mitarbeiter an der Information waren sich sicherlich nicht bewusst, welchen Schaden sie dem Einrichtungshaus zugefügt haben, vor allem wenn man bedenkt, dass dieses Erlebnis im Freundeskreis der Kundin die Runde machen wird.

1.3.3 Äußeres Erscheinungsbild

Viele Verkäufer messen der Arbeitskleidung keine allzu große Bedeutung bei und unterschätzen, wie wichtig sie für das Kundengespräch ist. Sie vergessen dabei, dass übertriebene Farben oder eine thematisch falsche Wahl der Kleidung, Erfolge unnötig erschweren oder sogar unmöglich machen. Klassiker in diesem Bereich sind zu modische Sakkos, bunte oder überdimensional karierte Hemden, grelle und lustige Motivkrawatten etc. Mittlerweile ist in den meisten Vertriebsbereichen eine bestimmte Arbeitskleidung vorgeschrieben.

Der Satz *„Kleider machen Leute"*, aus der gleichnamigen Novelle des Schweizer Dichters Gottfried Keller war bereits Mitte des 19. Jahrhunderts bedeutsam und hat auch heute noch seine Gültigkeit.

Übertragen auf den Verkauf bedeutet es, dass saubere, zur Branche passende Arbeitskleidung verkaufsfördernd wirkt. Kleidung steht sinnbildlich für ein gepflegtes Gesamterscheinungsbild des Verkäufers. Hierbei spielt es keine Rolle, ob es sich um eigene Kleidung oder Arbeitskleidung aus dem Unternehmen handelt. Ein sauberes und adrettes Erscheinungsbild des Verkäufers zählt nach wie vor zu den Grundlagen für ein erfolgreiches Verkaufsgespräch. Dies gilt durchweg für alle Branchen, ob für den Metzgereifachverkäufer, wobei hier einige Abstriche vom Kunden akzeptiert werden, den Baumarktmitarbeiter oder einen Küchen- oder Automobilverkäufer. Im Laufe der Zeit haben sich die Farben verändert oder die Arbeitskleidung wurde farblich an die Corporate Identity, das Erscheinungsbild des Unternehmens, angepasst.

Die Arbeitskleidung lässt darauf schließen, in welcher Form die Themen Sauberkeit und Ordnung im Unternehmen umgesetzt werden. Ziel einer einheitlichen Arbeitskleidung mit Namensschild ist der Wiedererkennungs- oder Zuordnungseffekt innerhalb eines Unternehmens, denn in manchen Unternehmen ist es nicht genau erkennbar, ob man vor einem Verkäufer oder einem weiteren Kunden steht, da beide Parteien Freizeitkleidung tragen.

Aber nicht nur die reine Arbeitskleidung, auch das persönliche Erscheinungsbild trägt zu einer erfolgreichen Verkaufsabwicklung bei. Wer möchte schon gerne im Restaurant von einem Ober mit schmutzigen Fingernägeln bedient werden oder im Baumarkt in der Holzabteilung mit einem Verkäufer sprechen, dem noch von der Mittagspause Salatreste zwischen den Zähnen hängen. Ebenso „erfrischend" ist es mit einem Bankberater in einem engen Raum zu sitzen und den Schweiß- oder Knoblauchgeruch seines Gegenübers einzuatmen.

Ein professioneller Auftritt beinhaltet also nicht nur Verhaltensweisen gegenüber Kunden, sondern auch eine saubere Kleidung, passende Hygiene und Körperpflege. Jeder Mitarbeiter sollte sich darüber im Klaren sein, dass er das Unternehmen nach innen und nach außen repräsentiert. Unternehmen sollten gerade bei neuen Mitarbeitern die Chance nutzen, von Beginn an das Erscheinungsbild im Sinne der Unternehmensphilosophie zu regeln.

In einigen Unternehmen gibt es genaue Vorschriften, wie sich ein Mitarbeiter dem Kunden zu präsentieren hat. Die folgende Auflistung ist ein Beispiel für eine solche Regelung.

Mögliche Vorgaben für das äußere Erscheinungsbild

	Männer	**Frauen**
Kleidung	blaues Hemd	blaue Bluse
	darunter weißes T-Shirt	darunter weißes T-Shirt
	schwarze, lange Hose	schwarze lange Hose oder knielanger schwarzer Rock
Körperhygiene		
Fingernägel	sauber und gepflegt	sauber und gepflegt, Kunstnägel möglich, aber nicht zu lang, mit dezenten Farben
Haare	gepflegt, ab Schulterlänge zusammengebunden, keine bunten Farben	gepflegt, ab Schulterlänge zusammengebunden, keine bunten Farben
Make-up	dezent, angemessen Parfüm: angemessen	dezent, angemessen Parfüm: angemessen
Schmuck	dezent, nicht störend	dezent, nicht störend
Sonstiges	kein Knoblauch- oder Zwiebelgeruch	kein Knoblauch- oder Zwiebelgeruch

Das äußere Erscheinungsbild zählt!

Saubere Arbeitskleidung und ein gepflegtes Äußeres definieren das Erscheinungsbild eines Verkäufers.

1.4 Verkaufen kann man lernen

„Kann man verkaufen überhaupt lernen?“, „Verkaufen kann man oder man kann es nicht!“, oder „Was soll dieses Buch schon bringen, ist doch alles nur Theorie.“

Mit diesen oder ähnlichen Thesen sehen sich Verkäufer oder solche, die es gerne werden wollen, immer wieder konfrontiert. Natürlich kann man „verkaufen“ lernen und es gibt auch kein „Verkäufer-Gen“, das einen Menschen dazu befähigt im Vertrieb tätig zu sein oder nicht. Sicherlich gibt es Personen, denen es leichter fällt als anderen, auf Menschen zuzugehen oder schneller zum Abschluss zu kommen. Aber auch diese Verkäufer machen nichts anderes, als ihr Gelerntes, sowohl im fachlichen als auch im serviceorientierten Bereich, anzuwenden – denn diese Verhaltensweisen sind nicht angeboren, sondern erlernt!

Verkaufen bedeutet, auf eine ganze Reihe von Fragen die Antwort zu finden:

- Wie lässt sich die Aufmerksamkeit des Kunden gewinnen?
- Wie spricht man den Kunden erfolgreich an?
- Wie werden die Vorteile des eigenen Produktes dem Kunden nähergebracht?
- Wie geht man mit einem „Nein!" des Kunden um?
- Wie kann ich Sympathie erzeugen?
- Wie verhält man sich bei einer Beschwerde oder einer Reklamation?
- Wie lassen sich die Erwartungen des Kunden erfüllen?
- Wie und wann soll die Frage nach dem Budget gestellt werden?
- ...

Die Liste der Fragen ließe sich problemlos weiterführen. Die Antworten sind spezifisch und für jeden Verkäufer- und Kundentyp unterschiedlich.

Grundlage für eine erfolgreiche Verkaufsberatung ist eine hohe Identifikation mit dem angebotenen Produkt oder der erbrachten Dienstleistung. Der Kunde muss spüren, dass Sie das Produkt selbst nutzen bzw. selbst erwerben wollen oder würden, dass es hierzu keinerlei Alternativen gibt. Sie sollten bei dem, was Sie anbieten immer ein gutes Gefühl haben, dann werden Sie langfristig erfolgreich sein.

Gute Verkäufer müssen sich zweierlei Wissen aneignen: explizites Wissen (alles was nachlesbar, dokumentiert und damit erlernbar ist) und implizites Wissen (Erfahrung), was schwer oder fast unmöglich zu erlernen ist. Das implizierte Wissen erwirbt man durch Aufmerksamkeit, Zuhören oder die Erkenntnis, dass Dinge auch mal falsch laufen können. Impliziertes Wissen wird auch von erfahrenen Verkäufern an unerfahrene Kollegen weitergegeben.

Der Weg zum erfolgreichen Verkäufer ist steinig, herausfordernd und möglicherweise von zahlreichen Rückschlägen gekennzeichnet. Deshalb heißt die Devise: Lernen, lernen, lernen und üben, üben, üben und nochmals üben. Der Spruch „Übung macht den Meister“ kommt nicht von ungefähr.

i **Ohne Lernbereitschaft geht es nicht**

Permanentes Üben und ein ordentliches Maß an Erfahrung sichern die Position des Verkäufers im hart umkämpften Wettbewerb. Verkaufen kann man lernen, man muss es nur wollen.

1.5 A I D A-Formel

Elmo Lewis erwähnte drei der vier Grundelemente der späteren AIDA-Formel bereits 1898, als er einen von Verkäuferseite dominierten Markt beschrieb. Hierbei befasste er sich mit dem Phänomen der Werbung, indem er drei grundlegende Prinzipien zur Realisierung und Umsetzung einer erfolgreichen Werbung darstellte.

Viele Verkäufer benutzen bewusst oder unbewusst seit Jahrzehnten die **A I D A**-Formel, einen Leitfaden, der die erfolgreiche Wirksamkeit von Werbung beschreibt.

Das Akronym **A I D A** steht dabei für folgende Inhalte:

A = Attention – Aufmerksamkeit erregen

In dieser ersten Gesprächsphase soll die Aufmerksamkeit des Kunden gewonnen werden. Dies gilt sowohl für das anstehende Verkaufsgespräch als auch für die ansprechende Präsentation der zu verkaufenden Produkte. Diese Phase ist für den Erfolg sehr wichtig, da bei fehlender Aufmerksamkeit sowohl Produkt als auch Verkäufer „auf der Strecke“ bleiben.

I = Interest – Interesse wecken

Nachdem es gelungen ist Aufmerksamkeit zu erwecken, interessiert sich der Kunde für das Produkt oder die Dienstleistung. Ohne Interesse wird kein Kaufwunsch erweckt.

D = Desire – Kaufwunsch erzeugen

Wenn dem Verkäufer, bzw. dem Produkt Aufmerksamkeit und Interesse sicher sind und es nun gelingt, beim Kunden den Wunsch zu generieren, dieses Produkt oder diese Dienstleistung unbedingt besitzen oder in Anspruch nehmen zu wollen, sind drei Viertel des Verkaufsprozesses erfolgreich abgewickelt. Um diesen Punkt zu erreichen, bedarf es der hohen Kunst des Verkaufens: Dem Kunden den Nutzen des Produktes anhand von realen Kundenvorteilen verdeutlichen.

A = Action – Kauf des Produktes

Sind die drei vorherigen Phasen erfolgreich umgesetzt, ist der Weg zum Verkauf des Produktes geebnet. Jetzt ist der Zeitpunkt gekommen, das Gespräch erfolgreich abzuschließen. Der Kunde kauft das Produkt.

AIDA-Formel für den Verkauf

Modelle wie die AIDA-Formel sind ein möglicher Ansatz in der Entwicklung von Verkaufsstrategien. Sie sind jedoch nur in einer Kombination mit implizierten Werten erfolgreich. Beispielsweise ist langjährige Erfahrung unerlässlich, wenn es darum geht, Situationen richtig einzuschätzen und das Verkaufsgespräch in erfolgreiche Bahnen zu lenken.

1.6 Was früher nicht funktionierte, klappt vielleicht heute

Als Erfahrung wird zweierlei bezeichnet: im Einzelfall ein bestimmtes Erlebnis eines Menschen oder allgemein – und dann im Sinne von „Lebenserfahrung"– die Gesamtheit aller Erlebnisse, die eine Person jemals hatte. Diese Definition vermittelt wesentliche, im Verkauf anwendbare und auf Erfahrung beruhende Verhaltensweisen. Einerseits das permanente Agieren und Handeln, was durch häufige Wiederholungen zum festen Bestandteil des täglichen Ablaufs im Verkauf wird, andererseits die Erkenntnis aus Fehlern zu lernen und diese zukünftig zu vermeiden.

Viele Verkäufer schauen sich Verkaufstechniken bei erfahrenen Kollegen ab, versuchen diese zu kopieren und sind danach bitter enttäuscht, wenn der erhoffte Erfolg ausbleibt. Sicherlich ist es keine Schande, sich bei guten Verkäufern etwas abzuschauen. Jedoch sollte jeder seinen eigenen Stil finden und prägen. Eine Kopie ist immer schlechter als das Original!

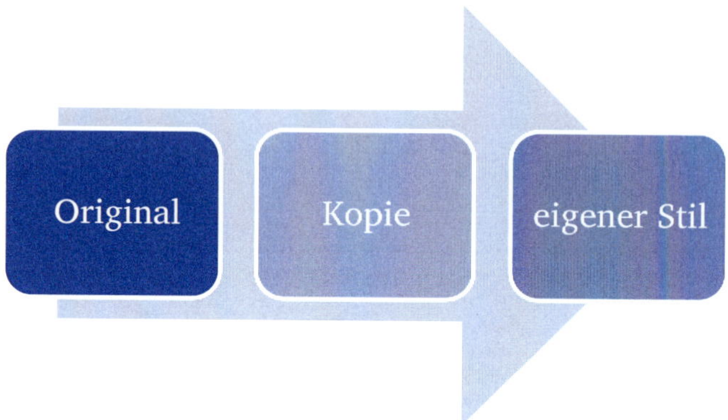

Original, Kopie und eigener Stil

Lassen Sie möglicherweise einige Aspekte der Verkaufstechnik eines erfahrenen Kollegen in Ihren persönlichen Verkaufsstil einfließen, allerdings nur so viel, dass Ihr eigener Stil erkennbar bleibt.

Nicht jede Verkaufstechnik ist es wert nachgeahmt zu werden. Oftmals spricht die Erfahrung gegen eine Neuauflage. Und doch, ehemalige Fehlschläge bergen oft Erfolgspotenzial. Sprüche wie: „Das hat früher schon nicht funktioniert und wird heute auch nicht funktionieren“, oder „Kann man vergessen, bringt überhaupt nichts“, sind häufig nur Ausreden, um die Veränderung gewohnter Abläufe zu verhindern. Sicher gibt es fundierte Erfahrungswerte, die in der heutigen Zeit tatsächlich nicht bzw. noch nicht umsetzbar sind, aber es besteht durchaus die Chance, Erfahrungen im Verkauf, die vielleicht früher nicht zum Erfolg geführt haben, heute erfolgreich umzusetzen. Die Zeiten haben sich geändert. Die folgenden Beispiele verdeutlichen das.

Das ebay-Phänomen

Versetzen Sie sich in die späten 80er Jahre des vergangenen Jahrhunderts. Als Zahlungsmittel gibt es noch die D-Mark und weder Smartphones noch Tablets sind Bestandteil unseres Lebens, ja sogar das Internet existiert noch nicht in der Form, in der wir es heute kennen. Der gute alte C64 ist zwar in vielen Haushalten zu finden, aber von Playstation, X-Box oder Wii ist die Menschheit noch eine ganze Weile entfernt.

Es klingelt bei Ihnen an der Haustür. Sie öffnen und es steht ein sympathischer Mensch vor Ihnen, der ein paar gebrauchte, aber funktionsfähige, schöne Schuhe in der Hand hält, genau in Ihrer Größe und auch noch in der von Ihnen präferierten Farbe. Die freundliche Person schlägt Ihnen vor, dass Sie ihm 20 Mark geben und er Ihnen dafür die Schuhe überlässt.

Vermutlich hätten Sie damals kopfschüttelnd die Tür geschlossen, wenn nicht gar die Ordnungshüter auf den Plan gerufen.

Heutzutage zahlen Sie für ein paar gebrauchte Schuhe, die Sie nicht im Original gesehen, geschweige denn probiert haben, einen Geldbetrag an eine Person, die Sie nicht kennen und das auch noch im Voraus. Erst dann erhalten Sie das Produkt. Dieses Phänomen nennt man „ebay“.

Sie sehen, es gibt durchaus Dinge, die in der Vergangenheit nicht möglich waren, aber heute zu unserem Alltag gehören, die anerkannt sind und von vielen genutzt werden.

Der Einpack-Service

In Amerika ist es an der Tagesordnung, dass Lebensmittel in großen Supermärkten von Mitarbeitern an der Kasse in Tüten gepackt und sogar bis zum Auto getragen werden. Eine Einführung in Deutschland um die Jahrtausendwende scheiterte kläglich. Die Kunden monierten, dass der Verkäufer die Lebensmittel anfasse, bzw. die einzelnen Produkte unter Umständen in der falschen Reihenfolge in die Tüte packe. Deutsche Kunden waren für diese Serviceneuheit noch nicht bereit. Zahlreiche Reklamationen und Kundenbeschwerden, bis hin zu persönlichen Beleidigungen der Mitarbeiter, waren die Folge.

5–7 Jahre später gibt es Lebensmitteleinzelhändler, die genau diesen Service anbieten und die Kunden akzeptieren es und nutzen dieses Angebot – erstaunlicherweise. Gerade Mütter mit kleinen Kindern oder ältere Kunden genießen diese Art des entspannten Einkaufens.

Diese Beispiele verdeutlichen, wie wichtig eine intensive Auseinandersetzung mit Erfahrungen der Vergangenheit ist. Nicht jede, zu einem früheren Zeitpunkt abgelehnte Idee, lässt sich heute problemlos umsetzen, aber manche Konzepte werden, in einer sich permanent verändernden, dynamischen Welt, von den Kunden akzeptiert. Sicherlich würde der Schuhverkauf an der Haustür heutzutage auch nicht funktionieren und ja, technische und methodische Weiterentwicklungen der letzten Jahre haben zu einer veränderten Verkaufsdynamik beigetragen. Aber darum geht es doch eigentlich gar nicht. Um zu wissen, ob die Zeit für Veränderungen oder Neuerungen reif ist, testen Sie es einfach. Haben Sie den Mut Dinge umzusetzen, denn woher wollen Sie sonst wissen, ob sich die Idee realisieren lässt? Natürlich sollte die Umsetzung bereits vorhandener oder neuer Konzepte immer unter dem Gesichtspunkt der Wirtschaftlichkeit analysiert und geprüft werden.

i

Alte Konzepte modern umsetzen

Erfahrungen helfen weiter, müssen aber kritisch hinterfragt werden. Konzepte, die früher nicht funktioniert haben, können heutzutage durchaus erfolgversprechend umgesetzt werden – probieren Sie es aus!

Neben dem implizierten Wissen spielt die persönliche Einstellung im Vertrieb eine wichtige Rolle. Verkäufer müssen begreifen, dass jeder Kunde, der die Geschäftsräume betritt, wichtig ist, wenn nicht sogar der momentan wichtigste Kunde im Unternehmen ist, auch wenn er von einem anderen Kollegen bedient wird.

1.7 Jeder Kunde ist mein Kunde

Viele Verkäufer widmen ihre volle und uneingeschränkte Aufmerksamkeit dem Kunden, aber leider nur dem Kunden, der gerade vor ihnen steht. Häufig wird vergessen, wie wichtig auch die Kunden sind, die man nicht selbst bedient.

Früher mussten Verkäufer vor allem eines beherrschen: Die Produkte und Dienstleistungen des Unternehmens möglichst schnell an den Mann bringen. Das hat sich grundsätzlich geändert, denn die Kundenerwartungen haben sich gewandelt. Heute sind Kunden anspruchsvoller, sie erwarten vom Verkäufer nicht nur, dass er ihnen einwandfreie Produkte oder Dienstleistungen offeriert, sondern auch, dass der Verkäufer ihnen als Berater zur Seite steht.

1.7.1 Kundenbedürfnisse gehen vor

„Jeder Kunde ist mein Kunde" – mit dieser These kann ein neues Bewusstsein im Vertrieb geschaffen werden. Ziel ist es, die fundamentale Bedeutung des Kunden hervorzuheben. Es gibt in einem Unternehmen keine wichtigere Aufgabe, als sich mit allen zur Verfügung stehenden Mitteln auf den Kunden zu konzentrieren. Sich bewusst zu sein, dass jeder Kunde, der das Unternehmen betritt ein potenzieller Multiplikator ist, im Positiven wie im Negativen, bedeutet, dass jeder Verkäufer ein optimales kundenorientiertes Verhalten an den Tag legen muss. Stellen Sie sich vor, Sie betreten ein Geschäft und werden im Vorbeigehen von jedem Verkäufer, der Ihnen auf dem Weg zu Ihrem Ziel begegnet, freundlich gegrüßt. Stellen Sie sich weiter vor, dass Sie am Ende Ihres Besuches noch höflich verabschiedet werden und ein Mitarbeiter Ihnen beim Verlassen des Unternehmens sogar die Tür aufhält und Ihnen einen angenehmen Tag wünscht. Diese Eindrücke werden positiv im Gedächtnis gespeichert.

Die Verinnerlichung und die konsequente Umsetzung des Leitspruches „Jeder Kunde ist mein Kunde" bedeutet, dass alle Mitarbeiter verstanden haben, wie wichtig jeder einzelne Kunde, sowohl für das Unternehmen als auch für die Arbeitsplatzsicherheit eines jeden Mitarbeiters ist. Die hauptsächliche Aufgabe des Verkäufer ist es, die Bedürfnisse und Wünsche des Kunden in den Mittelpunkt zu stellen, nicht die des Unternehmens und schon gar nicht die eigenen.

Aktives Zugehen auf den Kunden, wenn dieser den Eindruck erweckt, dass er etwas sucht oder sich unsicher fühlt, ist ein weiterer Aspekt dieses Leitspruches. Das wird leider nicht in allen Unternehmen umgesetzt, denn man geht davon aus, dass der Kunde sich sowieso früher oder später an den entsprechenden Verkäufer wenden wird. Gelegentlich wird dem Kunden sogar der Eindruck vermittelt, dass der Verkäufer absichtlich wegsieht wenn er einen Kunden sieht. Vielleicht hatten Sie dieses Gefühl schon einmal – eigentlich eher zu stören.

Um das zu vermeiden, muss der Leitsatz „Jeder Kunde ist mein Kunde" von den Mitarbeitern verinnerlicht, vom Unternehmen als Bestandteil der Unternehmensphilosophie verankert und als Alleinstellungsmerkmal gegenüber dem Wettbewerb genutzt werden.

1.7.2 Kundentypen

Menschen werden von verschiedenen Grundbedürfnissen gesteuert. Diese sind nicht von Anfang an erkennbar (siehe Kapitel 2.3.2 „Das Eisberg-Modell“) und bei jedem Menschen unterschiedlich ausgeprägt. Sie beeinflussen jedoch die Kaufentscheidung des Kunden.

Die verschiedenen Ausprägungen der einzelnen menschlichen Bedürfnisse, bezogen auf ein Verkaufsgespräch, lassen sich aus der Maslow-Pyramide ableiten und stellen drei unterschiedliche Bedürfnisse der Kunden dar.[1]

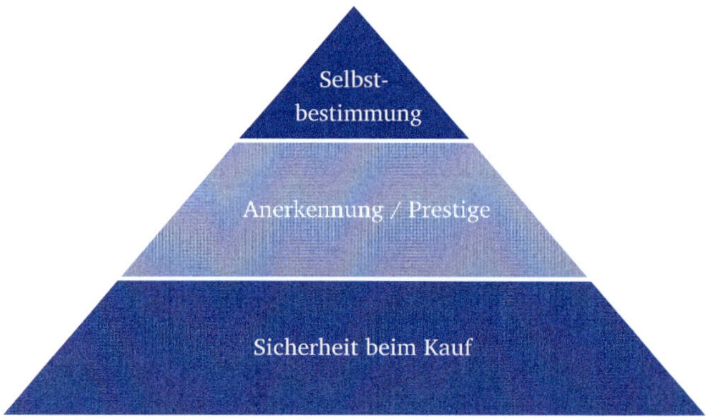

Pyramide der Kaufbedürfnisse

„Jeder Kunde ist mein Kunde“ bedeutet auch, sich der einzelnen Bedürfnisse der Kunden anzunehmen und sich in den Kunden hineinzuversetzen. Nachfolgend einige Empfehlungen zur Identifizierung der unterschiedlichen Kundentypen.

In der untersten Ebene der Pyramide dem *Bedürfnis nach Sicherheit*, sammelt der Kunde bereits im Vorfeld möglichst viele Informationen über das Produkt und/oder das Unternehmen, um das Risiko zu minimieren eine falsche Kaufentscheidung zu treffen. Dieser Kundentyp ist bestens vorbereitet und stellt viele Fragen, damit die erwarteten Antworten sein Sicherheitsbedürfnis bestärken und äußert Einwände, wenn die Antworten nicht mit seinen gesammelten Informationen übereinstimmen.

[1] Maslow, A.: *A Theory of Human Motivation*, in *Psychological Review*, 1943, Vol. 50, S. 370–396.

Kunden, die Wert auf *Anerkennung und Prestige* legen, verraten ihr Bedürfnis durch eine gesteigerte Nachfrage nach Marken, wohingegen der *selbstbestimmte Kundentyp* sehr bestimmt auftritt, seine Vorstellungen klar äußert und diese gerne im Detail umgesetzt haben möchte. Dieser Kundentyp führt das Verkaufsgespräch, der Verkäufer ist lediglich Mittel zum Zweck.

1.8 Vorbereitung auf das Verkaufsgespräch

Akribische Vorbereitung ist die Grundlage für ein erfolgreiches Verkaufsgespräch. Leider beherzigen diese These nicht alle Verkäufer und meinen, mit ihrer Erfahrung „das Kind schon schaukeln" zu können. Je intensiver die Vorbereitung auf das Verkaufsgespräch ausfällt, desto mehr Vertrauen fasst der Kunde und desto mehr ist er von Ihrer Kompetenz überzeugt. Sorgfältige Planung und exakte Vorbereitung sind Basiselemente für den Erfolg.

Verkäufer verkaufen Produkte oder Dienstleistungen, die das Leben von Menschen prägen, bzw. beeinflussen. Jede Kleinigkeit, die das Kaufverhalten des Kunden beeinträchtigen könnte, muss zwingend bei der Vorbereitung beachtet werden.

Wenn Sie bereits einen geplanten Verkaufstermin in ihrem Kalender haben und Sie eine ungefähre Vorstellung besitzen, was der Kunde will, sollten Sie sich folgende Fragen stellen:

- Kennen Sie die Vorlieben ihres Kunden?
- Haben Sie bereits ein Modell für den Kunden im Kopf?
- Haben Sie Alternativen, die umgehend überzeugend angeboten werden können?
- Ist die Kaffeemaschine intakt?
- Sind die Getränke gekühlt, die Gläser sauber?
- …

Eine gute Vorbereitung verschafft Ihnen Sicherheit und hinterlässt bei Ihren Kunden einen überaus positiven Eindruck. Bedenken Sie außerdem: Im Vorfeld strukturierte Verkaufsgespräche sind in der Regel deutlich kürzer, als nicht vorbereitete Gespräche. Somit gewinnen Sie Zeit, die Sie in die Vorbereitung für neue Kunden stecken können.

Zu einer guten Vorbereitung gibt es keine Alternative. Kunden zeigen immer weniger Toleranz für allgemeines „Gelaber". Haben sie das Gefühl, der Verkäufer hat seine Hausaufgaben nicht gemacht, suchen sie einfach einen Wettbewerber auf. Damit sind nicht nur aus betriebswirtschaftlicher Sicht die Kosten des Verkaufsgesprächs zu hoch, sondern auch der angestrebte Erfolg bleibt aus, was sich zwangsläufig auf die Umsatzzahlen auswirken wird.

Wie sieht eine gute Vorbereitung aus? Folgende Checkliste soll einige Hinweise auf eine gute Vorbereitung liefern.

Checkliste zur Vorbereitung eines Verkaufsgesprächs

Die Checkliste dient lediglich als Anhaltspunkte für eine gute Vorbereitung auf das Verkaufsgespräch, je nach Branche sind andere Schwerpunkte zu setzen.

	Checkliste	**Eigene Notizen**
Vorbereitung	Sind die Getränke gekühlt? Ist die Kaffeemaschine funktionsfähig?	
	Sind alle notwendigen Unterlagen vorhanden?	
	Kann das Gespräch ungestört ablaufen? Auf wen wird das Telefon umgestellt?	
Der Kunde	Wer ist mein Kunde?	
	Stammkunde oder Neukunde?	
	Gab es bereits ein Vorgespräch? Wenn ja, mit welchen Inhalten?	
Ziele	Was benötigt der Kunde?	
	Wie sieht das ideale Produkt für meinen Kunden aus?	
	Welche Alternativen sind vorhanden?	
	Cross-Selling! Welche Zusatzprodukte können dem Kunden angeboten werden?	

	Checkliste	Eigene Notizen
Organisation	Wie erfolgt die Gesprächseröffnung?	
	Welches sind die drei Hauptargumente für das Produkt?	
	Welche Einwände können kommen?	
	Sind Argumente für Einwände vorhanden?	
	Welche Produkte kann der Wettbewerber zu welchen Preisen anbieten?	
Kontrolle (im Anschluss an das Verkaufsgespräch)	Ist das Ziel erreicht worden?	
	Welches war das ausschlaggebende Argument?	
	Warum wurde das Ziel nicht erreicht?	
	Welche fatalen Fehler sind passiert?	
	Was muss für das nächste Gespräch besser vorbereitet, bzw. recherchiert werden?	

Sparen Sie nicht an der Vorbereitung

Akribische Vorbereitung und sorgfältige Planung sind für ein erfolgreiches Verkaufsgespräch unerlässlich. Je häufiger Sie Gespräche detailliert vorbereiten, desto weniger Zeit benötigen Sie dafür. Die Vorbereitung ist nicht alles, aber ohne Vorbereitung ist alles nichts.

1.9 Erstes Gebot

Verhalten Sie sich in allen Situationen kundenorientiert und machen Sie die Bedürfnisse des Kunden zu Ihrer obersten Priorität.

Ihr Verhalten gegenüber dem Kunden hat auf den Erfolg eines Verkaufsgesprächs größeren Einfluss, als Ihr Fachwissen. Sicher müssen Sie über die Produkte oder Dienstleistungen, die Sie verkaufen, gut

Bescheid wissen. Stimmen allerdings Ihr Auftreten oder Ihr Erscheinungsbild nicht, dann können Sie auch mit perfektem Fachwissen nicht beim Kunden punkten, sondern hinterlassen unter Umständen sogar einen negativen Eindruck.

2. Kapitel

Kommunikation im Verkauf

2

„Geheime" Kundenwünsche aufdecken

Das folgende Fallbeispiel verdeutlicht wie wichtig die emotionale Komponente in einem Verkaufsgespräch sein kann und wie Einfühlungsvermögen und Verständnis für die Situation des Kunden einen bereits verloren geglaubten Abschluss doch noch zum Erfolg führen.

Eine Kundin betrat mit ihren beiden Kindern, im Alter von 3 und 5 Jahren, ein Möbeleinrichtungshaus in einer Stadt in Nordrhein Westfalen. Dieses Möbelhaus verfügte über kein Kinderland, sodass sie ihre Kinder nicht „abgeben" konnte, um ungestört eine Ledergarnitur für ihr Wohnzimmer auszusuchen und zu kaufen.

Der Verkäufer eröffnete das Verkaufsgespräch mit dem Satz, dass es diese Garnitur auch in anderen Ledertönen gibt – ein sehr gut gewählter Eröffnungssatz, der den Einstieg in den Verkaufsdialog ebnete.

Der Verkäufer erkannte sehr schnell, dass ein ruhiges Verkaufsgespräch mit den beiden Kindern nicht möglich war und organisierte eine Kollegin aus der Verwaltung, die mit Spielzeug beladen, sich für die Zeit des Verkaufsgespräches um die Kinder kümmerte.

Während des Verkaufsdialogs kristallisierte sich heraus, dass der Kundin eine Ledergarnitur gefiel, ihr diese anscheinend aber zu teuer war. Während der Beratung entwickelte sich ein eher freundschaftliches Verhältnis zwischen dem Verkäufer und der Kundin. Sie erzählte, dass Sie gerne wieder arbeiten würde, aber die Kinder noch zu klein wären, um wieder ins Berufsleben einzusteigen. Ihr Mann sei sehr häufig beruflich verreist und sie kümmere sich hauptsächlich um die Kinder und den Haushalt und dabei falle ihr ab und zu „die Decke auf den Kopf".

Trotz des Preises stellte der Verkäufer eine gewisse Affinität der Kundin zu dieser eleganten Ledergarnitur fest, er pries deren Vorzüge nochmals komprimiert an und zeigte sich bzgl. des Verkaufspreises durchaus verhandlungsbereit. Als er den Verkaufspreis um 5% senkte, fing die Kundin an zu überlegen, ob es nicht doch schöner wäre, wenn sie die elegantere Variante wählte. Jedoch siegte das kognitive Gedankengut gegenüber der aktivierenden, emotionalen Komponente und so entschied Sie sich die Ledergarnitur nicht zu kaufen.

Der Verkäufer hatte jetzt nur noch einen letzten Versuch, um die Kundin von der teureren und hochwertigeren Ledergarnitur zu überzeugen. Jetzt kamen ihm sein Einfühlungsvermögen und sein Verständnis für die Situation der Kundin zugute. Er sprach die Kundin wie folgt an: „Ich schätze Sie als einen Menschen ein, der alles für seine Familie tut, Opfer bringt und sich immer hintenanstellt. Glauben Sie nicht, dass es einmal an der Zeit ist an sich selbst zu denken?

Dieser Satz verfehlte seine Wirkung nicht. Die Kundin überlegte einen kurzen Moment, nickte wohlwollend und antwortete mit dem Satz: „ Sie haben Recht, ich sollte öfters mal an mich denken, ich nehme die Ledergarnitur."

Was lief hier gut?

Welcher Punkt war Ihrer Meinung nach ausschlaggebend dafür, dass die Kundin sich zum Kauf entschlossen hat?

- ☐ Der Verkäufer hat dafür gesorgt, dass die Kinder beschäftigt sind.
- ☐ Der Verkäufer erkannte ein emotionales Bedürfnis der Kundin und ging unaufdringlich darauf ein.
- ☐ Der Verkäufer bot der Kundin einen Nachlass an.
- ☐ Der Verkäufer schaffte es, eine freundschaftliche Atmosphäre aufzubauen.

Natürlich trugen alle oben genannten Punkte etwas dazu bei, dass die Kundin sich zum Kauf der Ledergarnitur entschloss. Für entscheidend halte ich allerdings, dass der Verkäufer einen Punkt traf, an dem der monetäre Gegenwert der Garnitur immer mehr in den Hintergrund trat und das „Ich bin es mir wert Gefühl", also ein emotionales Bedürfnis, die Kaufentscheidung dominierte.

2.1 Grundlegende Kommunikationsregeln im Verkauf

Mithilfe von Kommunikation tauschen wir Informationen aus, verständigen uns, lernen und verstehen. Kommunikation ist einfach, aber auch kompliziert, sie kann logisch, aber auch unlogisch sein, sie überzeugt oder lehnt ab und kann begeistern oder frustrieren.

Kommunikation lässt sich in drei Basis-Bestandteile zerlegen.

1. Sender (Er möchte mithilfe von Signalen, entweder akustischer oder körperlicher Natur, etwas mitteilen.)
2. Nachricht (Das sind die Signale, die der Sender verschickt.)
3. Empfänger (Bei ihm geht die Nachricht ein.)

Ist die Verschlüsslung der Nachricht sowohl dem Sender als auch dem Empfänger bekannt, hat eine Verständigung stattgefunden. Nachrichten sind grundsätzlich verschlüsselt und müssen erst decodiert werden. Nur wenn beide Gesprächspartner (Sender und Empfänger) den gleichen Code zur Entschlüsselung besitzen ist echte Kommunikation möglich.

Sender – Nachricht – Empfänger

Wie wichtig Kommunikation im Verkauf ist, verdeutlicht die Tatsache, dass der geringste Fehler, ein unbedachter Satz des Verkäufers, wie beispielsweise „Sie müssen", „Sie können nicht" oder „Das macht aus meiner Sicht wenig Sinn", ein bereits positiv gestartetes Verkaufsgespräch kippen lassen kann. Freundliche, nette Worte hingegen, lassen von Anfang an auf ein sympathisches und für beide Seiten produktives Verkaufsgespräch schließen.

Folgendes Schaubild stellt einige Grundregeln der Kommunikation im Verkauf dar und spiegelt die Zusammenhänge und gegenseitigen Einflüsse wider.

Kommunikation im Verkauf

- **Klare, einfache Sätze**

Kommunikation im Verkauf beruht auf der Verständigung zwischen den Gesprächspartnern. Dies gelingt aber nur dann, wenn beide Seiten „die gleiche Sprache sprechen". Damit ist gemeint, dass Sender und Empfänger auf der gleichen Wellenlänge senden. Der Verkäufer passt sich der „Wellenlänge" des Kunden an. Er steuert das Gespräch und kann durch einfache und klare Sätze die Kommunikation so aufbauen, dass Missverständnisse ausbleiben. Das Anpassen an die „Wellenlänge" des Kunden und das gleichzeitige Steuern des Verkaufsgesprächs bilden keinen Widerspruch. Der Verkäufer stellt sich auf den Kunden ein, versetzt sich in dessen Lage und kann somit die Intention des Kunden nachempfinden. Die Leitung des Gesprächs übernimmt jedoch er, um den Kunden in die gewünschte Richtung zu führen und ihm ein bestmögliches Produkt anzubieten.

Lassen Sie uns diesen Sachverhalt an einem Beispiel verdeutlichen. Ein Kunde möchte ein Auto kaufen, ist aber ein absoluter Gegner von Diesel- und Benzinmotoren, weil sie seiner Meinung nach die Umwelt zu stark belasten. Der Verkäufer nimmt diesen Sachverhalt auf, bestärkt den Kunden in dessen Auffassung und führt ihn zielgerecht zu einem Fahrzeug mit Elektroantrieb. Er übernimmt die Gesprächsführung, indem er nun die Vorzüge des Fahrzeugs anpreist und vor allem die umweltschonende Art des Antriebs in den Mittelpunkt stellt.

- **Der Ton macht die Musik**

Kommunikation ist zeitaufwändig, manchmal anstrengend, legt aber auch die Basis für eine zwischenmenschliche verbale und/oder nonverbale Beziehung. Viele im Verkauf tätige Mitarbeiter können die Wirkung ihrer Stimme und die damit zu erwartende Reaktion der Kunden nicht abschätzen. Nehmen Sie sich doch selbst einmal auf und beurteilen Sie die Wirkung Ihrer eigenen Stimme. Freundliche, höfliche Worte zur Begrüßung, keine lautstarken Äußerungen während des Verkaufsgesprächs und einige nette Anmerkungen zur Verabschiedung, kombiniert mit einer sympathischen Stimme, strukturieren das Verkaufsgespräch und runden es ab.

- **Der Kunde redet, wir hören zu**

Verkauf ist gekennzeichnet durch den persönlichen Kontakt zwischen Verkäufer und Käufer. Diese „Face-to-Face"-Konstellation können erfahrene Verkäufer zu ihrem Vorteil nutzen, indem sie dem Kunden das Wort überlassen und zuhören. Auch wenn gerade ältere Kunden gerne über ihr Leben sprechen, sollten Verkäufer die Ohren spitzen und sämtliche Aussagen der Kunden wie einen Schwamm aufsaugen, um diese später in der Abschlussphase wiederzuverwenden. Am Anfang des Verkaufsgesprächs ist schweigen wichtiger als reden.

- **Dialog statt Monolog**

Steigen Sie in einen Dialog ein, beantworten Sie Fragen und geben Sie Erläuterungen zum anvisierten Produkt. Viele Verkäufer neigen dazu, durch übertriebenes Anwenden Ihres Fachwissens aus dem angestrebten Dialog einen Monolog zu machen.

- **Kein übertriebenes Fachwissen**

In der Kommunikation mit dem Kunden werden die fachlichen Informationen oft in den Vordergrund gestellt, was beim Kunden nach einer gewissen Zeit und „Dauerberieselung" zu Überforderung und Frustration führt. Meist entwickelt der Kunde parallel den Gedanken das Produkt oder die Dienstleistung vielleicht doch lieber woanders zu erwerben. Fachwissen ja, aber in Maßen.

- **Auf den Punkt kommen**

Nach dem Reden folgt das Handeln. Bei der Beratung allgemein oder beim Abschluss an sich, haben viele Verkäufer entweder Hemmungen, das Besprochene aufzuschreiben, d. h. einen Vertragsabschluss herbeizuführen oder sie verzetteln sich in endlose Beschreibungen der Vorteile des Produktes und finden kein Ende. Die Kunst im Verkaufsgespräch ist es, Sachverhalte schnell zu erfassen und daraus die richtigen Schlussfolgerungen zu ziehen. Deshalb ist es wichtig, dass Sie die vorliegenden Informationen analysieren und auf den Punkt kommen. Weniger ist hier oft mehr.

2.2 Erfolgreich kommunizieren im Verkauf

Gut strukturierte Kommunikation vermittelt Kunden Ruhe und Sicherheit. Verkäufer, die gut kommunizieren, verwirren ihre Kunden nicht mit übermäßigem Fachwissen, sondern überzeugen mit einer nachvollziehbaren, sachlichen Argumentation und ziehen Kunden damit in ihren Bann. So entsteht beim Kunden das sichere Gefühl in guten Händen zu sein, was wiederum die Basis für eine erfolgreiche Verkäufer-Kundenbeziehung darstellt. Nach wie vor ist es das Kernziel eines Verkaufsgesprächs einen Verkaufsabschluss herbeizuführen. Alle angewandten Methoden sind dabei nur Mittel zum Zweck.

Zwischen dem, was ein Verkäufer dem Kunden an Informationen mitteilt, bzw. glaubt ihm mitgeteilt zu haben, und dem was tatsächlich beim Kunden ankommt, können Welten liegen. Deshalb: Servieren Sie Ihr Fachwissen in appetitlichen Häppchen. Alles andere verunsichert den Kunden. Im Verkauf ist es wichtig, nicht nur fachlich zu überzeugen, sondern auch mit den Kunden verständlich und zielgerichtet zu kommunizieren. Einfühlungsvermögen und Wertschätzung gegenüber dem Kunden sind der optimale Einstieg in ein erfolgreiches Verkaufsgespräch.

In den meisten Fällen ist der Kaufwunsch beim Kunden schon latent vorhanden oder zumindest ist das Interesse an dem Produkt oder der Dienstleistung bereits geweckt, wenn er ein Beratungsgespräch sucht. Ist die grundsätzliche Kaufentscheidung schon gefallen, entscheidet oft das Verhalten und die Kommunikation des Verkäufers, ob der Kauf abgewickelt wird oder der Kunde sich nach einem anderen Anbieter umsieht.

Erfolgreiche Kommunikation im Verkauf orientiert sich an einer Kombination aus Emotion und Fakten, mit der klaren Vorgabe, dass der Kundenwunsch immer im Mittelpunkt steht.

Die 5 Elemente erfolgreicher Kommunikation im Verkauf

- gründliche Vorbereitung auf das Verkaufsgespräch
- maximal 5 Kundennutzen in den Vordergrund stellen
- Kunden zu Wort kommen lassen
- Neugier und Kaufwunsch beim Kunden wecken
- mit Emotionen überzeugen

Was genau bedeuten die genannten fünf Elemente? Im Folgenden eine kurze Beschreibung:

- **Gründliche Vorbereitung auf das Verkaufsgespräch**

Gute Vorbereitung auf ein anstehendes Verkaufsgespräch wird oftmals unterschätzt. Hierbei geht es weniger um die psychologische Einordnung des Kunden, den Sie ja noch nicht kennen, sondern vielmehr um die Möglichkeit für jeden Kunden ein auf ihn zugeschnittenes ideales Produkt anbieten zu können, d.h. der Verkäufer kennt sich im Produktportfolio seines Bereiches bestens aus und ist somit in der Lage blitzschnell das passende Produkt für den Kunden aus der Angebotsvielfalt zu bestimmen. Je intensiver Sie sich vorbereiten, desto sicherer ist Ihr Auftreten und umso wahrscheinlicher ist der Abschluss. Denken Sie über die eine oder andere Eventualität bereits im Vorfeld nach und gehen Sie individuell auf den Kunden ein.

- **Maximal 5 Kundennutzen in den Vordergrund stellen**

Während Sie im Verkaufsgespräch den Nutzen des Produkts oder der Dienstleistung für den Kunden in den Vordergrund stellen, sollten Sie sich auf drei elementare Argumente beschränken. Mehr als drei bis maximal fünf Argumente kann der Kunde gedanklich nicht verarbeiten. Stellen Sie sich immer die Frage, welchen Nutzen der Kunde von Ihrem Produkt oder Ihrer Dienstleistung hat und ob es sein akutes Problem löst.

- **Kunden zu Wort kommen lassen**

Fachkompetenz alleine führt ebenso wenig zum ersehnten Kaufabschluss, wie permanentes Einreden auf den Kunden. Lassen Sie den

Dialog bewusst zu und signalisieren Sie dem Kunden, dass Sie mit ihm auf Augenhöhe sind. Kommunikation ist Interaktion und kein Monolog des Verkäufers.

- **Neugier und Kaufwunsch beim Kunden wecken**

In Anlehnung an die AIDA-Formel müssen innerhalb der Kommunikation Neugier und Kaufwunsch geweckt werden. Dies gelingt mit den richtigen Argumenten, die den Kundennutzen mit emotionalen Aspekten verbinden. Die richtigen Argumente zur richtigen Zeit, mit der richtigen emotionalen Ansprache zu finden, ist die zentrale Herausforderung an Verkäufer.

- **Mit Emotionen überzeugen**

Zeigen Sie Emotionen, wenn Sie das Produkt anpreisen. Monotones Wiedergeben der Produktdaten begeistert schon lange keinen Kunden mehr. Der Kunde muss fühlen, dass es zu dem Produkt und zu Ihnen als Verkäufer keine Alternative gibt. Geben Sie ihm das Gefühl, dass Sie den Artikel am liebsten selbst erwerben würden. Hier sind auch schauspielerische Fähigkeiten gefragt, nämlich den Kunden durch Emotionen für den Kauf zu begeistern. Welche Auswirkungen Emotionen auf die Beratung haben, finden Sie in Kapitel 6.

Die technologische Entwicklung führt auch im Verkauf zu einem konzeptionellen Umdenken. Facebook, Twitter, Web 2.0 etc. beherrschen den kommunikativen Sektor in unserer Gesellschaft. Diese Entwicklung wirft eine Menge Fragen auf, beispielsweise: Sind Vertragsabschlüsse mittels Skype in der Zukunft an der Tagesordnung oder gehört ein solcher Ansatz ins Reich der Fabel? Der Onlinehandel, als Hauptkonkurrent zum stationären Handel, wird weiterhin an Bedeutung gewinnen und dennoch stecken enorme Potentiale im Mensch-zu-Mensch-Verkauf. In der persönlichen Kommunikation des Verkäufers mit „seinen" Kunden verbergen sich Wettbewerbsvorteile, die gehoben werden müssen. Die Rolle der guten, verkaufsorientierten Kommunikation, professionell ausgeübt, wird auch in Zukunft bestehen bleiben, wenn die Verkäufer es verstehen durch eine persönliche Ansprache Emotionen beim Kunden zu wecken. Es reicht bei weitem nicht mehr aus, den Kunden als „zahlendes Individuum" zu interpretieren. Nur wer es versteht, die Kunden durch Fachwissen, professionelle Betreuung und Emotionen persönlich an sich zu binden, wird am Markt Erfolg haben.

Sicherlich verändert sich die Art der Kommunikation und passt sich den technologischen Veränderungen innerhalb der Gesellschaft an, darauf müssen sich Verkäufer einstellen. Die Mehrzahl der Geschäfte, gerade im Beratungsbereich, werden jedoch immer noch zwischen Menschen abgeschlossen

Verständnis und Einfühlungsvermögen für die Situation sind Erfolgsfaktoren im Verkauf, welche die emotionale Seite beeinflussen und einen starken Einfluss auf die Kaufentscheidung ausüben.

Kommunikation besteht nur zu einem geringen Teil aus verbaler Interaktion, der größte Part erfolgt nonverbal, beispielsweise durch Gestik und Mimik und Körpersprache. Mit diesem Phänomen beschäftigt sich der nächste Abschnitt.

2.3 Man kann nicht nicht kommunizieren

Menschen kommunizieren verbal und nonverbal. Die eine Kommunikationsform ist ohne die andere nicht möglich. Welche der beiden in den Vordergrund tritt, hängt meistens von der jeweiligen Situation ab. Der nonverbalen Kommunikation wird häufig eine höhere Glaubwürdigkeit beigemessen, als den verbalen Äußerungen.

Desinteresse hört man nicht, man sieht es

Folgender Vorfall ereignete sich in einem Autohaus für hochpreisige Limousinen in Düsseldorf und ist ein Paradebeispiel für misslungene nonverbale Kommunikation. Ein Kunde mittleren Alters betrat, bekleidet mit einer Jeans, einem weißen T-Shirt mit dem Aufdruck der „Rolling-Stones-Zunge" und Sandaletten, das Autohaus. Mehrere Verkäufer standen zusammen und musterten oder besser gesagt scannten den Kunden von oben bis unten, was seitens des Kunden nicht unbemerkt blieb.

Der Kunde ging selbstbewusst auf die Verkäufer zu und erkundigte sich nach einem Wagen mit einem Verkaufspreis im hohen fünfstelligen Bereich. Ein Verkäufer ging mit dem Kunden zu dem gewünschten Fahrzeug und erklärte sehr emotionslos die Vorteile des Automobils. Die verbale Kommunikation des Verkäufers stand im Widerspruch zu seiner Körpersprache und der Kunde merkte sofort, dass der Verkäufer eigentlich einen anderen Kunden bedienen wollte, bei dem er sich eher einen Abschluss versprach.

Der Kunde hörte ein paar Minuten zu und verließ daraufhin wortlos das Autohaus. Er war freier Journalist, der im Auftrag einer angesehenen Fachzeitschrift, Autohäuser auf Kundenfreundlichkeit und Service testete.

Lustlosigkeit, gepaart mit Desinteresse und fehlender Dynamik – Die mangelhafte innere Einstellung des Mitarbeiters war einer der Gründe dafür, warum das Verkaufsgespräch einen negativen Ausgang nahm bzw. in diesem Fall, eine schlechte Bewertung in einer Fachzeitschrift zur Folge hatte (wie wichtig die innere Einstellung für erfolgreiches Verkaufen ist, erfahren Sie in Kapitel 3).

2.3.1 Was ist nonverbale Kommunikation?

„Verständigen ohne Worte" ist die treffendste Übersetzung für nonverbale Kommunikation. Nonverbale Kommunikation ist ein tägliches Phänomen, was uns immer wieder begegnet. Ob beim Bäcker, Metzger, Friseur oder im Straßenverkehr, nonverbale Kommunikation ist allgegenwärtig. Gesichtsausdruck und Körpersprache sind mit dem Inhalt der getätigten Aussage kongruent oder zeigen eindeutig auf, dass das eben Gesagte eigentlich nicht unserem Gefühlszustand entspricht.

Bei der verbalen oder direkten Kommunikation lässt sich eine eindeutige Aussage dem Kommunikationsgegenstand unmittelbar zuordnen. Bei der nonverbalen oder auch indirekten Kommunikation ist die Aussage dagegen nicht zielgerichtet, sondern lässt Raum für Spekulationen bezüglich ihrer tatsächlichen Botschaft. Sie hilft, die Kontaktperson besser einschätzen zu können und zu erkennen, was in einem Menschen wirklich vorgeht.

Ein wichtiger Aspekt der nonverbalen Kommunikation ist die Körpersprache des Gegenübers. Sie ruft bei den meisten Menschen eine Reaktion hervor. Körpersprache liefert Hinweise, jedoch keine Beweise, um auf das richtige Verhalten schließen zu können. Sie ist schwerer beherrschbar, als die verbale Kommunikation und die ausgesandten Signale verraten mehr über den Gemütszustand, als bloße Worte.

In der Antike galt der Daumen als eines der größten Machtsymbole. Er trug dazu bei Entscheidungen über Leben und Tod zu treffen. Dies können Sie heute noch in Filmen über Gladiatoren sehen, in denen der Kaiser (Cäsar) mit seinem Daumen über das Schicksal der Gladiatoren entschied.

Die bekannteste Form der Körpersprache ist der Händedruck. Er ist die einzige, moralisch erlaubte Art des Hautkontaktes, die intimste Form der nonverbalen Kommunikation, außerhalb der Privatsphäre.

Paul Watzlawick, ein bekannter Philosoph und Psychotherapeut behauptet: „Wir können nicht nicht kommunizieren. Kommunikation findet immer statt, wo Menschen als soziale Wesen zusammen sind. Unser Körper verrät uns“.[2]

Die nonverbale Kommunikation setzt sich mit den zwischenmenschlichen Beziehungen auseinander, wohingegen die verbale Kommunikation für den Austausch von Informationen zuständig ist. Nonverbale Kommunikation tritt meist, aber nicht ausschließlich, über Mimik und Gestik auf. Ebenso lässt sich nonverbale Kommunikation über auditive (Musik), olfaktorische (Geruch), gustatorische (Geschmack) oder taktile Signale (Berührung) erzeugen.

Die folgende Abbildung stellt einige Ausprägungen der nonverbalen Kommunikation dar.

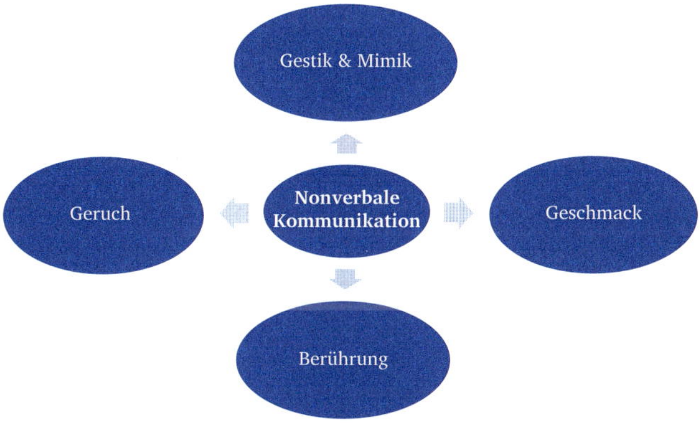

Ausprägungen der nonverbalen Kommunikation

Feedback innerhalb der nonverbalen Kommunikation erfolgt in der Regel bereits deutlich vor der eigentlichen Reaktion oder Antwort auf die Frage oder die Beschreibung des Problems. Die Reaktion erfolgt meist unbewusst in Form eines abschweifenden Blicks, schiefer Mundwinkel oder leichten Stirnrunzelns. Ebenso kommt diese unbewusste Antwort beim Sender der Botschaft bereits vor dem

[2] Watzlawick, P., Beavin, J. H., Jackson, D.: *Menschliche Kommunikation*, Stuttgart, Hans Huber, 1974, S. 53.

eigentlichen verbalen Feedback an und wird von diesem zeitnah interpretiert. So kann es bereits im Vorfeld der verbalen Diskussion zu Konsens oder Dissens unter den Gesprächspartnern kommen. Die Gefahr der Fehlinterpretation ist hierbei sehr hoch.

Ist im digitalen Zeitalter überhaupt noch Platz für nonverbale Kommunikation? In Zeiten, in denen Internet und Facebook die Kommunikation regieren, ist sicherlich Anonymität auf dem Vormarsch, jedoch erfolgt auch hier, beispielsweise durch das Setzen von Smileys, nonverbale Kommunikation. Im Verkauf ist die zwischenmenschliche Beziehung, gerade bei der Beratung, immer noch von zentraler Bedeutung. Sicherlich besteht auch im Bereich „Mensch-zu-Mensch-Verkauf" die Gefahr, dass sich Käufer und Verkäufer nicht mehr sehen (e-bay oder amazon), jedoch wird gerade bei hochpreisigen Artikeln der direkte Kontakt zwischen Anbieter und Nachfrager immer eine zentrale Rolle spielen und somit auch die nonverbale Kommunikation ein wesentlicher Bestandteil des Verkaufsgesprächs bleiben.

Wie wichtig jedoch die Bedeutung der nonverbalen Kommunikation ist, zeigt der folgende Abschnitt, in dem dargestellt wird, wie sich das Verhältnis von verbaler zu nonverbaler Kommunikation auf das Verhältnis rationaler und emotionaler Verhaltensweisen überträgt.

i

Nonverbale Kommunikation ist allgegenwärtig

Nonverbale Kommunikation ist in jeder Gesprächssituation gegenwärtig. Sie setzt sich mit den zwischenmenschlichen Beziehungen auseinander, wohingegen die verbale Kommunikation für den Austausch von Informationen zuständig ist. Der Verkauf wird also nicht nur über den Austausch von Informationen definiert, sondern ebenso über die Wirkung der nonverbalen Aktivität. Für den Verkäufer setzt dies voraus sich über die Wirkung seiner Mimik und Gestik im Klaren zu sein, da diese den Gesprächsverlauf maßgeblich beeinflussen.

2.3.2 Eisberg-Modell

Das Eisberg-Modell basiert auf den Erkenntnissen des Psychoanalytikers Sigmund Freud. Bei einem Eisberg sind lediglich ca. 20% seines kompletten Volumens sichtbar, der Rest liegt unterhalb der Wasseroberfläche. Ähnlich verhält es sich mit der Kommunikation. Innerhalb des Kommunikationsprozesses ist nur ein Bruchteil der gesamten Botschaft erkennbar, der Rest bleibt zunächst unsichtbar. Man unterscheidet zwischen der Sachebene, als erkennbarem Segment, und der Beziehungsebene, als nicht erkennbarem Segment.

Sachebene – Beziehungsebene

Auf der Sachebene findet der Inhalt der Kommunikation statt. Insbesondere Daten und Fakten werden hier vermittelt oder kurz gesagt, das „Was" der Kommunikation wird beschrieben.

Die Beziehungsebene entspricht dem Teil des Eisberges, der unterhalb der Wasseroberfläche liegt. Auf dieser Ebene wird durch Gefühle, Gestik oder Mimik die emotionale Seite der Kommunikation beschrieben. Die Botschaft, die sich aus der Beziehungsebene ergibt, beschäftigt sich mit dem „Wie" der Kommunikation.

Diese beiden Ebenen sind untrennbar miteinander verbunden. Differenzen auf der einen Ebene lösen automatisch Spannungen auf der anderen Ebene aus. Dieses bilaterale Verhältnis ist Ausdruck der engen Verknüpfung zwischen der Sach- und der Beziehungsebene. Oft werden harmonisch verlaufende Dialoge durch emotionale Komponenten, wie beispielsweise abwertende Handbewegungen oder ein leichtes Kopfschütteln, zu persönlichen Auseinandersetzungen der Diskussionsteilnehmer.

Ebenso können Störungen auf der Beziehungsebene ein konstruktives Gespräch auf der Sachebene von vornerein verhindern.

Folgende Grafik stellt die sichtbaren und unsichtbaren sowie die bewussten und unbewussten Elemente des Eisbergmodells dar.

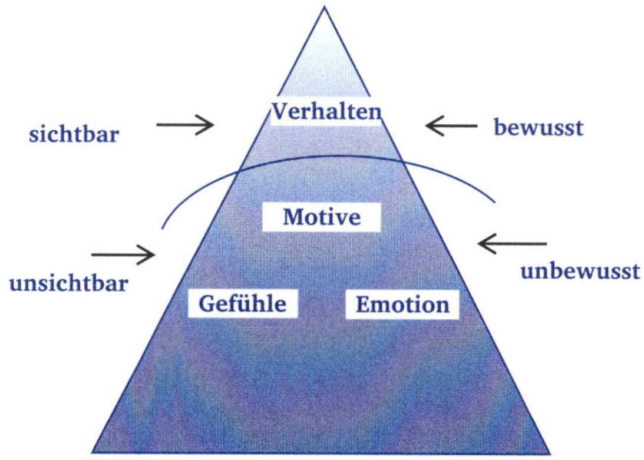

Eisberg-Modell

Zu den unbewussten oder unsichtbaren Botschaften gehören:

- Gedanken
- Motive
- Wünsche
- Absichten
- Gefühle

} Beziehungsebene

Bewusste oder sichtbare Botschaften sind:

- Taten
- Verhalten
- Worte
- Sprache
- Beobachtung

} Sachebene

Im Verkaufsgespräch spielt nicht nur die rationale, sondern auch die emotionale Ebene eine wichtige Rolle. Doch gerade Emotionen sind schwer zu erkennen, zu kontrollieren und treten oft unbewusst auf. Das Eisberg-Modell mit seinen beiden Ebenen lässt sich auf das Verkaufsgespräch zwischen Kunde und Mitarbeiter eins zu eins übertragen. Sowohl Kunde als auch Verkäufer legen nur einen bestimmten Teil ihres Verhaltens offen. Der Verkäufer muss nicht nur auf die Sachebene eingehen, sondern auch Emotionen und Bedürfnisse erkennen, die dahinter stecken.

2.3.3 Kommunikationsmodell nach Friedemann Schulz von Thun

Einer der bedeutendsten und weltweit anerkanntesten Kommunikationswissenschaftler unserer Zeit ist Friedemann Schulz von Thun. Der Psychologe entwickelte in den 70er Jahren das Vier-Seiten-Modell oder auch Kommunikationsmodell genannt, mit den Ebenen: Sachebene, Selbstaussage, Beziehungs- und Appellseite. Schulz von Thun geht davon aus, dass bei der Übermittlung von Informationen immer vier Ebenen betroffen sind, völlig unabhängig, ob dies beabsichtigt ist oder nicht. Wichtig ist lediglich die Interpretation der Botschaft durch den Nachrichtenempfänger, daraus resultiert auch der Erfolg der Kommunikation. Die Intention des Senders spielt hierbei keine Rolle. Für den Verkauf bedeutet das: Der Kunde beurteilt den Verkäufer nach seiner Reflektion, nicht nach seiner guten Absicht.

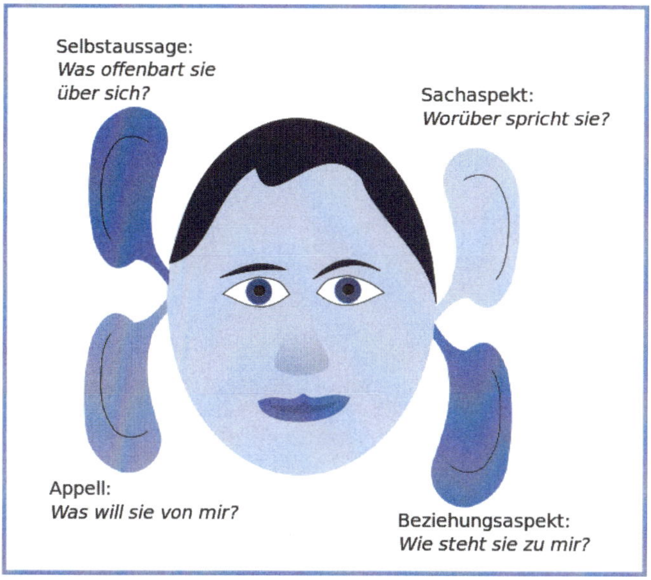

Schulz von Thun, Kommunikationsmodell[3]

- **Sachaspekt**

Der Sender übermittelt Daten, Fakten und informiert über Sachinhalte. Diese Ebene steht im Vordergrund, wenn es um die Sache geht.

- **Selbstaussage (Selbstkundgabe)**

Die Selbstoffenbarung stellt dar, was der Sender durch die Überbringung der Nachricht von sich preisgeben will. Sie spiegelt die momentane Stimmungslage wider.

- **Beziehungsaspekt**

Auf der Beziehungsebene stellt der Sender sein Verhältnis zum Empfänger dar, d. h. wie er zu ihm steht bzw. was er von ihm hält.

- **Appell**

Hier wird dargestellt, was der Sender mit seiner Nachricht beim Empfänger bewirken will.

---

[3] Schulz von Thun, F., *Miteinander Reden, 1: Störungen und Klärungen*, Rowohlt, Reinbek 1981, S. 13ff.

Deutlich wird die Bedeutung dieses Kommunikationsmodells an folgendem Beispiel:

Die vier Ebenen der Kommunikation

Ein Mitarbeiter kommt, aufgrund eines Staus im Berufsverkehr, eine Viertelstunde zu spät und läuft geradewegs seinem Chef über den Weg, der ihn mit den Worten: „Na, noch Sommerzeit?“, begrüßt.

Sachebene: Sie sind zu spät.

Selbstoffenbarung: Nehmen Sie mich zum Vorbild, ich war pünktlich.

Beziehungsseite: Einmal ist keinmal, aber zweimal ist einmal zu viel. Sie sind ein guter Mitarbeiter, kann mal passieren.

Appellseite: Das nächste Mal sind Sie pünktlich, die Arbeit wartet.

Nicht alles kommt so an, wie man es meint

Der Sender einer Nachricht (Verkäufer) muss sich stets die Frage stellen, wie seine Botschaft beim Empfänger (Käufer) ankommt. Oft ist die Intension des Verkäufers eine andere, als die Reflektion beim Kunden.

Das Eisberg-Modell und der theoretische Ansatz von Friedemann Schulz von Thun bilden die Grundlage für erfolgreiche nonverbale Kommunikation im Verkauf. Der Verkäufer sollte sich die Wirkung seiner Botschaft, bewusst oder unbewusst (Eisberg-Modell), und die Reflektion seiner Nachricht immer deutlich vor Augen halten. Mit der Bedeutung der nonverbalen Kommunikation für den Verkauf beschäftigt sich das nachfolgende Kapitel.

2.3.4 Nonverbalen Kommunikation im Verkauf

Unser Markt hat sich vom Verkäufer- zum Käufermarkt gewandelt. Die Unterschiede innerhalb von Produktgruppen schwinden. Der Kunde ist bestimmender geworden, er besitzt Vergleichsmöglichkeiten und achtet mehr denn je auf das Auftreten, die Gestik und das Verhalten des Verkäufers – kurz gesagt, die nonverbale Kommunikation spielt mittlerweile eine größere Rolle. Viele dieser Botschaften und Signale werden vollkommen unbewusst aufgenommen und von

Kunde zu Kunde, unterschiedlich verarbeitet, was dieser Art der Kommunikation eine besondere Bedeutung zukommen lässt.

Vielleicht kennen Sie das: Sie sehen einen Verkäufer zum ersten Mal, Sie haben noch kein Wort miteinander gewechselt und von Anfang an spüren Sie eine gewisse Antipathie gegenüber dieser Person. Entweder stört Sie etwas an seinem Äußeren oder seine Mimik oder Gestik lösen bei Ihnen diesen negativen Impuls aus. Dieses Empfinden resultiert aus der nonverbalen Kommunikation der betreffenden Person. Völlig unbeabsichtigt und ungewollt wird das Verhältnis zum Verkäufer von Anfang an negativ belastet.

Die Körpersprache beeinflusst und steuert ein Verkaufsgespräch in erheblichem Maße und stellt ein wesentliches Instrument des Kundenkontaktes dar. Durch gezielte Nutzung der nonverbalen Kommunikation können Sie Gespräche überzeugender führen und die Chance zum erfolgreichen Abschluss erhöhen. Die Frage ist nur, wie?

i

Achten Sie auf Ihre Signale

Nonverbale Kommunikation liefert lediglich Hinweise und keine Beweise zur Unterstützung eines erfolgreichen Abschlusses. Daher ist folgende Aufzählung lediglich eine Empfehlung:

- Stellen Sie Blickkontakt her, ohne den Kunden anzustarren.
- Achten Sie auf gute Körperhaltung. Das symbolisiert Stärke.
- Widmen Sie sich bei Paaren beiden Gesprächspartnern.
- Ein natürliches Lächeln wirkt ansteckend.
- Mimik und verbale Botschaft sollten übereinstimmen.
- Mit einer perfekten Verabschiedung hinterlassen Sie einen positiven Eindruck (lächeln, Blickkontakt, bedanken).
- Halten Sie einen angemessenen Abstand von ein bis zwei Metern ein.
- …

Vermeiden Sie alles, was die konstruktive Atmosphäre innerhalb eines Verkaufsgesprächs belasten könnte und versuchen Sie ein positives Gesprächsklima herzustellen.

Ein oft unterschätztes Phänomen ist die unterschiedliche Wirkung von nonverbaler Kommunikation auf Menschen aus verschiedenen Kulturkreisen. Jeder Verkäufer sollte sich bewusst sein, dass in unterschiedlichen Kulturkreisen unterschiedliche Deutungen und Interpretationen der nonverbalen Kommunikation vorherrschen. Insbesondere wenn auf Messen Verkaufsgespräche mit potenziellen internationalen Kunden geführt werden, müssen die Regeln der nonverbalen Kommunikation streng beachtet werden.

In Indien beispielsweise zeigt man seine Zustimmung nicht wie in Europa durch ein leichtes Nicken, also eine Kopfbewegung von oben nach unten, sondern durch eine leichte Bewegung von links nach rechts. Unkenntnis in diesem Bereich kann ein Nicht-Zustandekommen eines Geschäftes nach sich ziehen. Während der indische Kollege seine Zustimmung signalisiert, interpretiert der Mitteleuropäer dieses Verhalten als Absage.

In Deutschland ist es eine Geste des Anstands, dem Gastgeber zu einem gemeinsamen Essen eine kleine Aufmerksamkeit mitzubringen, z. B. Blumen. In China sind Blumen zu Geschäftsessen fehl am Platz. Blumen werden im Reich der Mitte grundsätzlich nur bei Todesfällen geschenkt und sind somit als Präsent ungeeignet.

Geschlecht, Herkunft, Kulturkreis oder die soziale Struktur der Gesellschaft spielen bei der Deutung der Signale eine differente, aber wichtige Rolle. Eine allgemein verbindliche Analyse nonverbaler Kommunikation gibt es nicht, aber die Beachtung nonverbaler Umgangsformen steigert die Chancen auf einen erfolgreichen Abschluss deutlich.

2.4 Zweites Gebot

Beachten Sie im Verkaufsgespräch alle Kommunikationsregeln – die verbalen und die nonverbalen. Ihre Worte kommen nur an, wenn sie auch mit Ihren nonverbalen Signalen übereinstimmen.

3. Kapitel

Innere Einstellung – der Erfolgsmotor

3

Die meisten Verkäufer sind sich nicht darüber bewusst, dass ihre innere Einstellung die Basis für ein Verkaufsgespräch ist. Sie hinterfragen nicht, ob das was sie tun, auch das ist, was sie eigentlich wollen.

„Der Kunde gehört mir."

Vor einigen Jahren hielt ich ein Verkaufsseminar in einem Autohaus in der Nähe von Stuttgart. An diesem Tag im August waren es morgens um 9:00 Uhr bereits 25° Celsius. Das Autohaus verfügte nicht über eine Klimaanlage und hatte zur Straßenseite (Südseite) eine Glasfront von ca. 50 Metern. 25 Mitarbeiter nahmen an dem Verkaufsseminar teil.

Als ich morgens meine Utensilien im Verkaufsraum aufbaute, sprach mich ein Mitarbeiter an und beklagte sich während unseres „Smalltalks" über die warmen Temperaturen. Kurz vor Beginn des Seminars trafen sich die Raucher noch im Freien und der Mitarbeiter, der sich zuvor bei mir über die Hitze beklagt hatte, war auch dabei.

Das sich an der frischen Luft entwickelnde Gespräch bezog sich auf das Wetter und die Wahrscheinlichkeit heute ein Auto zu verkaufen. Der Mitarbeiter von heute Morgen warf die These in den Raum, er wette, dass er heute kein Automobil verkaufe, da es viel zu heiß und außerdem die Werbung vom Chef ja nicht besonders hilfreich sei. Ihm zur Ehre sei erwähnt, dass die Werbung wirklich optimierungsbedürftig war.

Ich weiß nicht, ob es Ihnen auch schon einmal aufgefallen ist, dass sich gleich denkende Personen anziehen, wie das Licht die Motten. Innerhalb weniger Sekunden versammelten sich ungefähr acht Kollegen um den einen Mitarbeiter und stimmten zu. Lediglich zwei Mitarbeiter waren anderer Meinung, indem sie die These vertraten, dass ein Kunde, der bei diesen Temperaturen das Autohaus betritt, den festen Willen habe ein Auto zu erwerben. „Wenn ein Kunde das Autohaus betritt, dann gehört er mir" war die Antwort eines der beiden positiv eingestellten Mitarbeiter.

Was glauben Sie, wurden an diesem Tag erfolgreich Autos verkauft?

☐ Nein, es war viel zu warm.

☐ Nein, es kamen keine Kunden.

☐ Ja, aber nur von den Mitarbeitern mit der positiven Einstellung.

☐ Nein, die Werbung des Chefs war nicht zielführend.

Richtig, die Mitarbeiter, die eher das Positive, als das Negative gesehen haben und versuchten, aus den sicherlich nicht einfachen Voraussetzungen das Beste zu machen, haben Autos verkauft.

Vielleicht war es Zufall, dass ausgerechnet diese beiden (2 von 25 Verkaufsmitarbeitern) ein Fahrzeug verkauften, aber wie sinnierte der Inhaber des Autohauses am Ende des Tages: „Zufälle gibt es im Verkauf nicht".

Dieses Beispiel zeigt, dass die persönliche Einstellung den Weg im Verkauf vorzeichnet und die Bedenkenträger, die sich eher mit den negativen Dingen beschäftigen, weniger erfolgreich sind.

3.1 Erfolg ist Einstellungssache

Der große Pionier im Automobilbau, Henry Ford, der durch die Perfektionierung der Fließfertigung in neue Dimensionen der mechanischen Fertigung vordrang, appellierte bei zahlreichen Schulungen an die innere Einstellung seiner Mitarbeiter und Führungskräfte. Folgendes Zitat von ihm symbolisiert die Bedeutung der inneren Einstellung, sowohl im privaten als auch im beruflichen Umfeld:

„Ob Du glaubst, Du wirst Erfolg haben oder ob Du glaubst, Du wirst versagen – Du wirst immer Recht behalten“

Henry Ford

Ford stellt mit dieser These klar, dass viele Komponenten, die den Erfolg im beruflichen Alltag symbolisieren, von der inneren Einstellung der Person abhängen.

Symbole der inneren Einstellung

Authentizität und Glaubwürdigkeit sind Kernmerkmale der inneren Einstellung. Eine positive Einstellung eines Verkäufers überträgt sich in der Regel auch auf den Kunden und kann zu einer positiven Einstellung des Kunden gegenüber dem Verkäufer, aber auch dem Unternehmen führen.

In vielen Unternehmen wird jedoch der Eindruck erweckt, dass die Mitarbeiter wenig ambitioniert sind und das Verkaufsgespräch eher als lästige Pflichtveranstaltung sehen. Dieses Verhalten, wodurch es auch immer begründet ist, führt zu einem Imageverlust für das Unternehmen. Deshalb müssen Führungskräfte Mitarbeiter motivieren, begeistern und stärken, damit sich die positive Einstellung des Verkäufers auf den Kunden überträgt.

Eines der größten Dilemmas ist, dass sich die meisten Verkäufer keine Gedanken über ihre innere Einstellung machen. Sie passen sich in ihrem Verhalten lediglich an das Verhalten des Kunden an, was indirekt dazu führt, dass sie nur noch reagieren und nicht mehr agieren – sie geben die Kontrolle über das Gespräch aus der Hand.

Der Mystik um Freitag den 13ten ist ein geradezu ideales Beispiel für die Wirkung der eigenen Einstellung. Warum gehen so viele Dinge an diesem Tag schief? Weil viele Menschen an diesem Tag fest daran glauben, dass sie heute Pech haben werden und mit dieser Einstellung bereits morgens aus dem Bett steigen.

Erfolgreiche Verkaufsgespräche für Produkte oder Dienstleistungen werden von der inneren Einstellung des Verkäufers beeinflusst. Zwei Thesen sollen dies verdeutlichen.

1. These: Der Partner im Verkaufsgespräch ist zu allererst Mensch – Kunde wird er später.

2. These: Neben dem Produkt entscheidet auch die Persönlichkeit bzw. die innere Einstellung des Verkäufers über den Erfolg.

Zunächst muss Ihnen klar sein, dass ihr Gegenüber anfangs kein Kunde, sondern ein Mensch ist, der eventuell Interesse für das von Ihnen angebotene Produkt zeigt. Kunde soll er erst noch werden. Verhalten Sie sich gegenüber ihrem Geschäftspartner auch so.

Produkte verändern sich und die Lebensdauer von Produkten, gerade im Multimedia-Sektor, nimmt rapide ab. Die einzigen Konstanten bleiben Zuverlässigkeit und Qualität des Verkäufers. Das bedeutet: An Ihrer sympathischen Persönlichkeit wird sich entscheiden, ob sich der Kunde bei Ihnen so gut aufgehoben fühlt, dass er Ihre Produkte kauft oder Ihre Dienstleistungen in Anspruch nimmt. Ob ein ehrliches Interesse am Menschen besteht oder das Verkaufsgespräch lediglich darauf abzielt, die angebotenen Waren zu verkaufen, merkt der Kunde sofort. Machen Sie sich mit der Grundeinstellung vertraut, dass die eigene Persönlichkeit und nicht ausschließlich Produkt oder Dienstleistung über den Erfolg eines Verkaufsgespräches entscheiden. Verkäufer, die den Kunden spüren lassen, dass sie mehr an dem Inhalt seiner Brieftasche interessiert sind, als an dem Menschen an sich, haben im Verkauf genauso wenig zu suchen, wie Verkäufer, denen man ansieht, dass sie keine Lust haben sich mit Kunden zu beschäftigen.

Mit einer positiven Einstellung und einer klaren Vorgehensweise wirken Verkäufer selbstbewusst, dynamisch und anziehend auf Kunden. Sollten Sie von den angebotenen Produkten und Dienstleistungen ihres Arbeitgebers nicht überzeugt sein, wird man es Ihnen im Verkaufsgespräch anmerken.

Überprüfen Sie Ihre innere Einstellung

- Wann haben Sie das letzte Mal über Ihre Einstellung zu Ihrem Beruf nachgedacht?
- Besteht zwischen den Produkten und Ihnen eine hohe Identifikation?
- Sind Sie sich der Wirkung Ihrer Einstellung auf den Kunden bewusst?

- Welchen Einfluss übt Ihre Einstellung auf Ihre Kollegen aus?
- Sieht der Kunde Ihnen Ihre Einstellung an?

Die persönliche Einstellung und auch der Charakter jedes einzelnen Verkäufers bestimmen unser Verhalten in der Gegenwart, aber auch in der Zukunft. Die innere Einstellung bestimmt Ihre Sprache, die Art wie Sie sich geben und die Übereinstimmung zwischen Sagen und Tun. Erfolgreich verkaufen können Sie nur, wenn Sie Menschen mögen.

In unserer Gesellschaft ist der Beruf des Verkäufers mitunter negativ besetzt, was dazu führt, dass viele Verkäufer auf die Frage, was sie beruflich machen mit ausweichenden Angaben antworten: „Ich bin Bürokaufmann" oder „Ich bin im Lebensmittelhandel tätig". Manche umschreiben den Beruf des Verkäufers durch Fachausdrücke wie Account-Manager oder Berater. Wie sollen sich Menschen mit ihrem Beruf identifizieren, wenn schon bei der Frage nach der Berufsbezeichnung nicht der Mut vorhanden ist sich zu der Tätigkeit des Verkäufers zu bekennen?

Stehen Sie dazu oder lassen Sie es! Halbherzigkeit und Unsicherheit haben im Verkauf nichts zu suchen.

Auch wenn der Beruf des Verkäufers gelegentlich ein negatives Image genießt, ist die innere Einstellung für den Erfolg maßgebend. Viele Verkäufer beugen sich diesem negativen Image – warum? Passt sich die innere Einstellung dem Image an, wird sich auf absehbarer Zeit keine Besserung einstellen. Bestimmt jedoch die positive Einstellung das tägliche Handeln im Verkauf, wird sich auch das Image nachhaltig wandeln. Steht der Kunde im Mittelpunkt aller Bemühungen, wird dem Beruf des Verkäufers auch die Bedeutung beigemessen, die er verdient. Dies ist nur eine Frage der Zeit.

Doch, wie lässt sich an der inneren Einstellung arbeiten?

Viele Verkäufer machen sich keine Gedanken über ihre innere Einstellung, sie reagieren lediglich auf äußere Einflüsse und geben damit die Kontrolle über das Verkaufsgespräch an Kunden und potenzielle Interessenten ab. Dies kann im Verkauf fatale Folgen haben.

Stärken und optimieren Sie Ihre innere Einstellung

- Qualifikation alleine ist keine Garantie. Hinterfragen Sie regelmäßig ihr Handeln.
- Qualifikationsanforderungen unterliegen ständigen Veränderungen. Es gibt jedoch ein paar zeitlose Fähigkeiten, wie Freundlichkeit und Hilfsbereitschaft, über die ein Verkäufer unter allen Umständen verfügen muss. Optimieren Sie permanent diese zeitunabhängigen Anforderungen.
- Im Gegensatz zu vielen anderen Berufen können Sie als Verkäufer täglich Dinge bewegen und Abläufe beeinflussen. Der Mitarbeiter am Band hat diesen Spielraum nicht.
- Erfreuen Sie sich daran, dass Ihr Kunde zufrieden ist oder Sie sogar dafür gesorgt haben, dass seine Erwartungen übertroffen wurden.
- Versetzen Sie sich in die Lage Ihres Arbeitgebers. Erfolgreiche Verkäufer mit der richtigen Einstellung haben einen sicheren Arbeitsplatz.
- Fordern Sie sich immer wieder selber, setzen Sie sich neue Ziele, wachsen Sie an Ihrer Aufgabe.
- Die Karriereleiter erklimmen Sie nur mit einer positiven Einstellung zu Ihrem Beruf.
- …

Der Erfolg im Verkaufsgespräch wird von der inneren Einstellung und der aufgeschlossenen Haltung gegenüber dem Kunden geprägt. Wesentlichen Anteil daran hat die eigene Persönlichkeit. Die Weiterentwicklung der eigenen Persönlichkeit verändert auch das Auftreten in Verkaufsgesprächen. Mit den Jahren wird man ruhiger, gelassener und erfahrener. Man weiß, worauf es ankommt und setzt die richtigen Akzente. Die Veränderung der Persönlichkeit bestimmt auch die Veränderung der inneren Einstellung.

Mit der eigenen Persönlichkeit treffen Sie täglich auf unterschiedliche Charaktere im Verkauf: Besserwisser, gestresste Gesprächspartner mit wenig Zeit, Aufschneider oder freundliche Kunden. Das Anpassen an jedweden Charaktertyp, ohne das Wesentliche aus den Augen zu verlieren, zeichnet eine gefestigte innere Einstellung im Verkauf aus.

Sie unterliegt aber auch Einflüssen von außen. So wird die innere Einstellung beispielsweise durch das Elternhaus, den Führungsstil des Vorgesetzten, persönliche Vorbilder und das Unternehmen an sich beeinflusst.

Eine positive innere Einstellung hat auch psychologische Effekte innerhalb eines Verkaufsgesprächs, beispielsweise auf

- die Sympathie, die der Kunde dem Verkäufer gegenüber empfindet,
- das Vertrauen in die Sache und in die Person des Verkäufers,
- die Identifikation des Verkäufers mit den Produkten & Dienstleistungen des Unternehmens.

Das permanente Arbeiten an der Verbesserung der inneren Einstellung hilft dem Verkäufer seine Persönlichkeit immer weiter zu entwickeln. Sie hilft ihm seine Stärken zu erkennen und diese weiter auszubauen. Sie deckt Schwächen auf, hilft sie zu analysieren und in Stärken umzuwandeln. Weiterhin wird die innere Einstellung durch das Meistern von Misserfolgen und dem daraus resultierenden Lerneffekt gestärkt.

3.2 Drittes Gebot

Entwickeln Sie eine positive Einstellung zu Ihrem Beruf und Ihren Kunden. Ihre Einstellung entscheidet stärker über Ihren Erfolg als Ihr Fachwissen.

In den vorherigen Kapiteln wurden die Grundlagen des Verkaufens näher beschrieben, die nonverbale Kommunikation als wichtiges Kriterium analysiert und die innere Einstellung als Erfolgsfaktor bestimmt. Das nun folgende Kapitel beschäftigt sich mit der Kundenansprache. Sie werden sehen: Für den ersten Eindruck gibt es keine zweite Chance.

4. Kapitel

4

Kundenansprache – der erste Eindruck zählt

„Verkäufer sind das Bindeglied zwischen Markt und Unternehmen. Die Pflege eines lange gehegten Kundenstamms ist nicht trivial, weitaus anstrengender ist jedoch sicherlich die Gewinnung neuer Kunden".[4] Umso wichtiger ist die professionelle Kundenansprache zu Beginn des Verkaufsgesprächs.

Innerhalb weniger Sekunden formt sich im Gehirn ein Bild, das über Sympathie und Antipathie des Gegenübers entscheidet. Menschen werden meist in Schubladen einsortiert, aus der sie nur schwer wieder herauskommen. Ist der erste Eindruck positiv, verleiht er Kompetenz und schafft Vertrauen, ist er negativ, tritt das Gegenteil ein. Für den ersten Eindruck gibt es keine zweite Chance.

Das folgende Beispiel zeigt, wie der erste Eindruck ein ganzes Verkaufsgespräch negativ beeinflussen kann, ohne dass dieses bereits begonnen hat.

Haben Sie immer ein Taschentuch dabei!

Vor ein paar Jahren haben meine Frau und ich beschlossen zu bauen. Wie es bei einem solchen finanziellen Vorhaben die Regel ist, ließen wir uns von mehreren Bauträgern ein Angebot erstellen.

Mit einem Vertreter einer Bauträgerfirma verabredeten wir uns um 16:00 Uhr in unserer alten Mietwohnung, um das von ihm erstellte Angebot durchzusprechen.

[4] Verweyen, A., *Erfolgreich akquirieren*, Gabler, Heidelberg, 22005, S.15.

Kurz vor 16:00 Uhr spähten wir durch unser Küchenfenster, das auf die Straße zeigte, um nachzusehen, ob der Mitarbeiter der Baufirma bereits eingetroffen war. Mittlerweise habe ich auch verstanden, warum die meisten Küchen zur Straßenseite ausgerichtet sind, nämlich um die Vorkommnisse in der Straße genauestens beobachten zu können.

Meine Frau schaltete die Kaffeemaschine ein und just in diesem Moment bog ein Fahrzeug in unsere Straße ein und hielt genau vor unserer Haustür. Aufgrund des Kennzeichens wurde uns klar, jawohl, das ist unser Mann.

Als der junge Mann, Anfang bis Mitte dreißig, aus dem Fahrzeug stieg, passierte etwas, was unsere Freude auf das gemeinsame Gespräch deutlich trübte. Der Mitarbeiter der Bauträgerfirma verließ das Auto und säuberte, auf gute alte Fußballermanier, zunächst einmal seine beiden, anscheinend verstopften, Nasenkanäle. Einmal links, einmal rechts. Meine Frau und ich standen sprachlos am Fenster und die erste Frage meine Frau lautete: „Muss ich dem jetzt die Hand geben?“

Welche Konsequenzen hatte dieses Verhalten für das Verkaufsgespräch?

- ☐ Während des gesamten Termins ging uns die Szene nicht mehr aus dem Kopf.
- ☐ Damit war klar, dass wir nicht mit dieser Baufirma zusammenarbeiten wollten.
- ☐ Das Verhalten hatte keine Auswirkung auf den Inhalt des Verkaufsgesprächs, jedoch blieb ein fader Beigeschmack.

Sie sehen, oft sind es Kleinigkeiten, die ein Verkaufsgespräch positiv oder negativ beeinflussen können. Unüberlegte, gedankenlose Handlungen können zu mehr oder weniger peinlichen Situation führen. Wäre der Mitarbeiter der Baufirma bei einem Lebensmittelhändler angestellt und seine Hauptaufgabe bestünde im Verkauf von offenen Lebensmitteln, wäre das Verkaufsgespräch mit Sicherheit von vorne herein zum Scheitern verurteilt gewesen. Dass wir uns am Ende für einen anderen Bauträger entschieden haben, hing nicht wissentlich mit dem geschilderten Vorfall zusammen, obwohl das Bauunternehmen ab diesem Zeitpunkt im Familienkreis unter dem Namen „Nase" geführt wurde.

Sind Sie sich immer darüber im Klaren, dass viele Kunden Sie bereits beobachten, bevor Sie einen Versuch der Kontaktaufnahme unternommen haben. Der erste Eindruck zählt.

4.1 Für den ersten Eindruck gibt es keine zweite Chance

Stellen Sie sich vor, Sie haben einen schlechten Tag und es fällt Ihnen schwer, sich auf das Tagesgeschäft bzw. auf das Kundengespräch zu konzentrieren. Sie haben den Kunden etwas oberflächlich begrüßt, weil Ihnen noch etwas anderes durch den Kopf gegangen ist. Ihnen fällt umgehend auf, dass der Einstieg in das Verkaufsgespräch nicht optimal verlief und Sie wollen die Situation noch retten.

Wie soll das funktionieren? Sie können dem Kunden ja kaum mitteilen, dass er noch einmal rausgehen soll und alles vergessen möge, was bisher passiert ist und bitte erneut das Geschäft betreten. Dann würden Sie ihn auf das Herzlichste willkommen heißen und er würde sich besser fühlen. Doch leider gilt: Für den ersten Eindruck gibt es keine zweite Chance.

Den richtigen Eindruck zu erwecken, fängt bereits mit der Kleidung an. Besitzen Sie Arbeitskleidung, so ist diese sauber, das Namensschild steckt perfekt an der richtigen Stelle und die Brusttasche ist nicht angefüllt mit Stiften und Zetteln. Haben Sie freie Wahl bei der Arbeitskleidung und tragen beispielsweise einen Anzug, so sind die Farben von Hemd, Krawatte und Anzug aufeinander abzustimmen. Bevor mit Wissen und Kompetenz geworben werden kann, wird der Kunde den Verkäufer anhand seiner Kleidung mustern. So geht von der Kleidung eine Signalwirkung aus, die unterschiedlich interpretiert werden kann.

Häufig fällt dem Schuhwerk ebenfalls eine große Bedeutung zu. Viele Kunden, gerade Frauen, achten bei ihrem Gegenüber auf das gepflegte Äußere und saubere Schuhe.

Zuerst werden Sie also aufgrund von Äußerlichkeiten beurteilt, ob Ihnen das passt oder nicht. Erst nach dem ersten optischen Kennenlernen hat der Verkäufer die Möglichkeit durch sein Fachwissen und seine Kompetenz zu punkten. Der erste Eindruck ist in vielen Fällen prägend, d. h. er bleibt. So ist es auch mit den ersten Eindrücken im

Restaurant, im Urlaub an der Rezeption oder im Supermarkt: Sie haben bleibenden Charakter.

Der erste Eindruck ist durch Fachwissen und Kompetenz nicht zu ersetzen, er öffnet das Gespräch oder er schafft Barrieren. Fällt der erste Eindruck positiv aus, so beginnt das Verkaufsgespräch erfolgsversprechend. Wenn jetzt noch die richtige Ansprache gewählt wird, steht einem verkaufsfördernden Einstieg in das Kundengespräch nichts mehr im Wege.

4.2 Warum die richtige Ansprache so wichtig ist

Mit der richtigen Ansprache können Sie unbewusst Türen öffnen und sich Handlungsräume schaffen. Wichtig: Ein Neukunde wird anders begrüßt als ein Stammkunde. Ein Stammkunde ist Ihnen bekannt, wahrscheinlich ist Ihnen auch der Name geläufig. Hier ist die Ansprache mit dem Namen Pflicht, ebenso ein einleitender Begrüßungssatz, wie beispielsweise: „Schön Sie wieder bei uns begrüßen zu dürfen." Sie erzeugen damit beim Kunden ein Gefühl der Wertschätzung. Ein Neukunde hingegen betritt Ihr Unternehmen zum ersten Mal. Für ihn ist es Neuland, er stellt gewisse Erwartungen an Ihr Unternehmen und auch an Sie als Verkäufer. Hier empfiehlt sich eine neutrale, höfliche Ansprache, um zunächst einmal eine positive Beziehung zu ihm aufzubauen.

Grundsätzlich kann man zwei unterschiedliche Arten von Kunden unterscheiden: Einerseits Kunden, die sich nur umschauen und dabei vom Verkäufer nicht gestört werden wollen und andererseits Kunden, die mit klaren Vorstellungen in ein Geschäft kommen und den Verkäufer direkt ansprechen oder darauf warten direkt angesprochen zu werden.

Gleich vorweg: Die absolut richtige Ansprache, die für alle Zielgruppen geeignet ist, gibt es nicht, ein paar Aspekte, die Sie unbedingt beachten sollten aber schon.

Ein Verkäufer sollte den Kunden, möglichst mit Namen ansprechen. Der Name steht für Identität und das deutliche Aussprechen des Namens führt direkt zu einer persönlichen Bindung. Peinlich hingegen wirkt es, wenn der Name falsch ist oder falsch ausgesprochen wird.

Die Art und Weise der Begrüßung hängt auch immer von der Konstellation ab. Einen Endverbraucher begrüßen Sie sicherlich anders als einen gewerblichen Einkäufer. Ein Kunde kauft bei Ihnen ein und ist nicht verpflichtet wiederzukommen, Sie haben das Ziel, ihn als Stammkunden zu gewinnen. Von dem Einkäufer kaufen Sie verschiedene Artikel, also dreht sich hier die Situation um: Sie sind der Kunde.

Ebenso sollte die Ansprache nicht aufdringlich oder überheblich wirken. Bestimmt kennen Sie die Situation, dass Sie sich in einem Textilfachgeschäft umschauen wollen und der Verkäufer Sie permanent beobachtet oder versucht, Ihnen Artikel zu verkaufen, die Sie eigentlich nicht wollen. Auch der Satz: „Ich schaue mich nur um und melde mich, falls ich Hilfe benötige", schreckt viele Verkäufer nicht davon ab sich penetrant zu verhalten. Die Folge ist, dass Sie das Geschäft mit dem Vorsatz verlassen, es nie wieder zu betreten.

Die Ansprache muss auf den jeweiligen Kundentyp abgestimmt werden. Der Verkäufer sollte ein Gefühl dafür entwickeln, wie der Kunde angesprochen werden will. Beispielsweise legt die Gruppe 60+ mehr Wert auf Seriosität und Etikette und weniger auf Emotionen. In der Zielgruppe der Zwanziger und Dreißiger wiederum sieht dies völlig anders aus. Dies hängt mit den unterschiedlichen Ausrichtungen in der jeweiligen Altersstufe zusammen. Während die jüngere Zielgruppe sich mit den Themen Familie, Hausbau, Abwägung zwischen Risiko und finanzieller Sicherheit und Sehnsüchten auseinandersetzt, liegt der Schwerpunkt der älteren Generation auf Gesundheit, dem Genießen der Enkelkinder oder dem Erfüllen langjähriger Träume, wie der Kreuzfahrt in der Karibik. Somit empfiehlt sich bei älteren Kunden eher die seriöse, formale Ansprache, wohingegen Sie bei jüngeren Kunden auch einmal eine lockere Form der Ansprache (Hinweis auf die Kinder etc.) wählen können.

Manche Verkäufer glauben, den Kunden genau zu kennen und sind tatsächlich der Auffassung, dass sie einem Kunden ansehen, ob er etwas kaufen möchte oder nicht. Sätze wie: „Leute, von denen ich denke, dass sie nichts kaufen wollen, spreche ich erst gar nicht an, das ist reine Zeitverschwendung", oder „Im Laufe der Zeit bekommt man ein Auge dafür, ob der Kunde ernste Kaufabsichten hegt oder nicht", hört man leider allzu oft. Dabei sollte jedem Verkäufer klar sein, dass der Kunde, der ein Geschäft betritt, sich für die Produkte und Dienstleistungen des Unternehmens interessiert, sonst wäre er nicht da.

Nicht vorschnell urteilen

Man kann einem Kunden nicht anzusehen, ob er konkrete Kaufabsichten hat oder nicht. Jeder Kunde, der Ihr Unternehmen betritt, verfolgt ein gewisses Ziel, ob es sich dabei um eine intensive Kaufabsicht handelt, können Sie nur vermuten oder hoffen. Sprechen Sie daher alle Kunden in gebotener Art und Weise an, ganz nach dem Motto „Jeder Kunde ist mein Kunde“.

Ein weiterer Aspekt, neben der richtigen Art der Ansprache, ist auch der optimale Zeitpunkt der Begrüßung. Soll der Kunde sich erst einmal umsehen dürfen oder soll er direkt angesprochen werden? Als Faustformel gilt: Steht der Kunde am Produkt, ist er unmittelbar und direkt anzusprechen, befindet er sich noch auf dem Hauptgang oder spaziert er durch die Abteilung, so wartet man, bis er sich für einen direkten Kontakt mit dem Artikel entschieden hat. Laufen Sie dem Kunden nicht hinterher und suchen Sie auch nicht permanent Blickkontakt. Dies schreckt Kunden eher ab. In den meisten Fällen sendet der Kunde auch noch zusätzlich ein Signal aus, indem er sich hilfesuchend umschaut oder den Verkäufer mit festem Blick fokussiert.

Auch der Kunde besitzt eine gewisse Unsicherheit vor dem ersten Kontakt mit dem Verkäufer. Eine Hauptaufgabe des Verkäufers ist es, ihm genau diese zu nehmen. Viele Kunden wollen anfangs keine Beratung, doch diese ist bei erklärungsbedürftigen Produkten zwingend notwendig, damit eine richtige Kaufentscheidung seitens des Kunden getroffen werden kann.

Eigentlich müsste jeder Verkäufer eine Glaskugel besitzen oder Gedanken lesen können, um die unterschiedlichen Kundentypen richtig einzuschätzen. Wenn der Verkäufer sich entscheidet den Kunden anzusprechen, dann ist Blickkontakt zwingend erforderlich.

4.3 Blickkontakt – auf Augenhöhe mit dem Kunden

Der Blickkontakt, ein häufig unterschätztes Instrument der nonverbalen Kommunikation, ist im Verkaufsgespräch essentiell. Viele Verkäufer machen den Fehler, dass sie nach einer erfolgreichen Begrüßung den Kopf hinter Prospekten und Unterlagen oder hinter dem Computer verstecken. Der bewusste Augenkontakt ist ein entscheidendes Mittel der Körpersprache und ein wesentliches Element des Verkaufsgesprächs. Bei der Begrüßung ist der Blickkontakt Pflicht. Beachtet der Verkäufer das nicht, stärkt er entweder den Kunden in seiner Rolle – er bekommt das Gefühl, dass der Verkäufer unsicher ist – oder das Verkaufsgespräch findet gar nicht erst statt, weil der Kunde sich bei diesem Verkäufer nicht wohlfühlt.

Der Blickkontakt signalisiert dem Kunden, dass er ernst genommen wird und er empfindet dies als Zeichen der Aufmerksamkeit. Sind an dem Verkaufsgespräch mehrere Personen beteiligt, ist es wichtig, mit allen Anwesenden Blickkontakt aufzunehmen.

Jedoch gilt eine wichtige Regel: Starren Sie Ihr Gegenüber nicht an und fixieren Sie nie Problemzonen. Das verunsichert den Kunden. Hat der Kunde ein Problem mit den Augen, wie beispielsweise ein Glasauge oder schielt er, konzentrieren Sie sich auf das funktionierende Auge bzw. auf ein Auge.

4.4 „Was“ und „wie“ – Inhalt und Gestik im Gleichgewicht

Bei der Ansprache kommt es auf einfache Dinge an:

- ehrliches, natürliches Lächeln
- klare und deutliche Sprache in einfachen Sätzen
- höflich formulierte Inhalte

Worte und Gestik, also das „Was?“ und das „Wie?“, dominieren den Einstieg in ein erfolgreiches Verkaufsgespräch. Die Ausgewogenheit zwischen dem, *was* man sagt und dem, *wie* man es kommuniziert, bilden die Basis bei der Kundenansprache. Stellen Sie sich vor, Sie werden mit einem Lächeln begrüßt, aber der Inhalt der Begrüßung ist alles andere als geglückt oder umgekehrt, die Worte passen, aber die Art und Weise der Begrüßung lässt stark zu wünschen übrig. Durch beide Varianten entsteht auf Seiten des Kunden ein negativer Eindruck.

Stellen Sie sich einmal vor, Sie betreten ein Obst- und Gemüse-Geschäft, werden freundlich begrüßt und in gleichem Atemzug wird Ihnen mitgeteilt, dass Sie die Waren, die Sie nicht kaufen, bitte wieder in die entsprechenden Boxen zurücklegen sollen.

In einem anderen Geschäft werden Sie zwar mit einem kurzen „Guten Tag“ begrüßt, aber auf eine Art und Weise, dass Sie es nicht wagen, den Verkäufer anzusprechen.

Die Reaktion auf die Ansprache ist von Kunde zu Kunde unterschiedlich, jedoch ist der Kunde, was den ersten Kontakt anbelangt, in der heutigen Zeit sehr feinfühlig und sensibel geworden. Zu viele negative Erfahrungen haben den Kunden über Jahre geprägt. Dies ist auch kein Phänomen des Alters, gerade junge Kunden sind in vielen Bereichen sensibler geworden und erwarten eine entsprechende Ansprache.

Beobachten Sie einmal Ihre Umwelt, wenn Sie einkaufen gehen. Sind Inhalt und Sprache, Mimik und Gestik aufeinander abgestimmt oder spüren Sie zwischen beiden eine Diskrepanz? Verdeutlichen möchte ich Ihnen diesen Sachverhalt an einem Beispiel, erlebt morgens um 6:30 Uhr am Münchner Flughafen.

Nette Worte allein genügen nicht

Im Oktober 2008 reiste ich beruflich nach Hamburg. Einen Tag zuvor besuchte ich ein Seminar in München und entschied mich unmittelbar am darauffolgenden Tag direkt von München nach Hamburg zu fliegen. Der planmäßige Abflug war für 7:30 Uhr terminiert und ich beschloss, nach dem Einchecken zunächst einmal einen Kaffee zu trinken. Im gesamten Flughafen hatte nur eine Kaffeebar geöffnet, was logischerweise zu einer Warteschlange führte. Die Mitarbeiterin der Kaffeebar hatte offensichtlich einen schlechten Tag und es war deutlich zu spüren, dass ihr die Arbeit morgens gegen 6:30 Uhr wenig Spaß bereitete. Als ich an der Reihe war begrüßte mich die Verkäuferin mit den Worten: „Guten Morgen, was hätten Sie denn gerne?“ Dieser Satz trifft genau die Ansprache, die man morgens um 6:30 Uhr hören möchte: nicht zu lang und dennoch höflich und sympathisch. Im krassen Gegensatz dazu stand aber die Mimik der Dame, die eher abschreckte als animierte, von der Tonlage der Begrüßung ganz zu schweigen.

Mein Flug hatte zwei Stunden Verspätung, somit blieb mir genügend Zeit, um die Situation ausgiebig zu beobachten. Nach und nach öffneten die anderen Kaffeebars am Gate und die Fluggäste verteilten sich auf die einzelnen Anbieter.

Eine Reisegruppe aus München, etwa 20 Seniorinnen und Senioren, flog auch nach Hamburg und hatten das gleiche Bedürfnis wie ich, einen Kaffee an „meiner Kaffeebar“ zu trinken. Die Verkäuferin verhielt sich ebenso unprofessionell wie bei den Kunden vorher, was zur Folge hatte, dass der erste der Seniorengruppe sich umdrehte und den andern Reisemitgliedern mitteilte, er habe das Gefühl hier nicht willkommen zu sein. Daraufhin zog es die gesamte Reisegruppe geschlossen vor, eine andere Kaffeebar aufzusuchen, was die Mitarbeiterin auch nicht weiter störte, da sie nun ausreichend Zeit hatte, sich mit ihrer Kollegin zu unterhalten.

Das Verhalten der Verkäuferin war äußerst geschäftsschädigend. Zwar war die Ansprache stimmig, jedoch ließ die Mimik stark zu wünschen übrig.

Auch wenn Sie mal einen „schlechten Tag“ haben, beachten Sie immer, dass Mimik und Gestik im Kundenempfinden eine wesentliche Rolle spielen. Der Kunde kann nichts dafür, dass Sie einen „gebrauchten Tag“ erwischt haben.

Lassen Sie es Kunden nicht spüren, wenn er einen Fehler gemacht hat

Dass es auch anders geht zeigt ein Vorfall in einem Café in München. Ein Kunde bestellte einen Latte-Macchiato to go und als er sich umdrehte, stieß er mit dem Arm an die Kante der Kuchentheke und verschüttete einen Teil seines Getränks. Was nicht weiter tragisch gewesen wäre, wenn nicht Teile des verschütteten Latte-Macchiato die Glasfront der Kuchentheke bespritzt hätten. Keine Frage, dem Kunden war der Vorfall ziemlich peinlich. Die Mitarbeiterin jedoch lächelte, sprach den Kunden, mit den Worten „das macht überhaupt nichts, ich wische das schnell weg“ an und erkundigte sich umgehend, ob dessen Kleidung in Mitleidenschaft gezogen worden war. Nachdem sie die Verschmutzung bereinigt hatte, immer mit einem Lächeln, nahm sie dem Kunden den halbvollen Latte-Macchiato aus der Hand und sorgte dafür, dass er einen neuen frischen Latte-Macchiato bekam. Sie verabschiedete den Kunden und wünschte ihm noch einen schönen Tag. Selbst als der Kunde das Geschäft verlassen hatte, kam ihr nicht ein einziges negatives Wort zu diesem Vorfall über die Lippen. Vorbildlich!

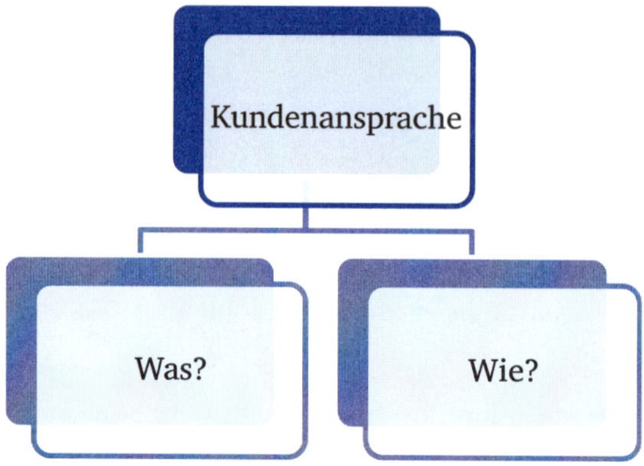

„Was?" und „Wie?" im Gleichgewicht („Was?" und „Wie?" stehen auf einer Stufe)

Hinterfragen Sie Ihr Verhalten

Nehmen Sie sich Zeit Ihr eigenes Verhalten und Ihre Sprache einmal zu hinterfragen. Dem Kunden werden in der heutigen Zeit genügend alternative Einkaufsmöglichkeiten geboten. Binden Sie ihn an sich und überzeugen Sie nicht nur fachlich, sondern auch menschlich.

Im folgenden Exkurs stelle ich Ihnen verschiedene Fragetechniken für das Kundengespräch vor.

4.5 Exkurs: Fragetechniken

Unter der Vielzahl von Fragetechniken kristallisieren sich sechs heraus, mit denen sich ein erfolgreiches Verkaufsgespräch führen lässt, angefangen von der Begrüßung, bis hin zum Abschluss und Verkauf des Produktes oder der Dienstleistung.

Zu diesen Fragetechniken gehören:

- geschlossene Fragen
- offene Fragen
- Alternativfragen
- rhetorische Fragen
- Suggestivfragen
- Zielfragen

Geschlossene Fragen führen dazu, dass der Verkäufer Antworten erhält, die ein schlichtes „Ja“ oder „Nein“ beinhalten. Die Antwortmöglichkeiten sind vorgegeben. Dies kann in manchen Situationen sehr hilfreich sein, sollte aber eher die Ausnahme bleiben. Ziel des Verkaufsgesprächs ist es, den Kunden zu „lesen“, d. h. möglichst viel über ihn zu erfahren und dafür bieten sich geschlossene Fragen weniger an. Hier werden lediglich einige nützliche Zusatzinformationen gewonnen, die im weiteren Verkaufsgespräch eine wichtige Rolle spielen können.

Beispiel: „Brauchen Sie eine neue Kaffeemaschine?“

In **offenen Fragen** verleiten die Verkäufer den Kunden dazu Problemstellungen oder Wünsche zu beschreiben und Meinungen kundzutun. Damit wird das Verhältnis zwischen Verkäufer und Kunde zu Beginn des Verkaufsgesprächs gelockert. Vorsicht bei gesprächigen Kunden, denn hier verlieren Sie schnell die Gesprächsführung.

Offene Fragen bieten sich zu Beginn eines Verkaufsgesprächs an, um die allgemeinen Floskeln zu vermeiden und direkt in die Konversation mit dem Kunden einzusteigen. Zu den typischen Fragewörtern, mit denen ein Gespräch beginnen kann, gehören: Was? Wie? oder Warum? Offene Fragen sind zielführend und informativ. Der Kunde muss in ganzen Sätzen antworten, was den Gesprächseinstieg erleichtert.

Beispiel: „Was wünschen Sie sich von Ihrem Fernseher?“

Rhetorische Fragen bedürfen eigentlich keiner Antwort. Der angesprochene Sachverhalt wird durch diese Fragetechnik zusätzlich verstärkt. Rhetorische Fragen werden im Verkaufsgespräch meist in der Phase der Nutzenbeschreibung für den Kunden verwendet, um die Vorteile besonders hervorzuheben oder den Verkäufer in seiner These zu bestätigen.

Beispiel: „Sie wollen doch auch nur das Beste für Ihr Kind, oder?“

Bei einer **Alternativfrage** stehen dem Befragten mehrere Antwortmöglichkeiten zur Verfügung. Dem Kunden wird suggeriert, dass er das Verkaufsgespräch leitet, da er zwischen den einzelnen Alternativen auswählen kann. Dabei ist die Verwendung der alternativen Fragetechnik nur ein weiterer Mosaikstein in der Strategie des Verkäufers den Kunden in Sicherheit zu wiegen. Indirekt wird mit dieser Fragetechnik versucht dem Kunden das „Nein“ auf das Verkaufsangebot zu erschweren. Die Fragen beziehen sich immer auf das angebotene Produkt, und die alternativen Angebotsvarianten zielen meist auf den Verkauf des Produktes oder die Inanspruchnahme der Dienstleistung ab.

Beispiel: Nähert sich das Verkaufsgespräch dem Abschluss, können Sie diesen einleiten, indem Sie den Kunden fragen: „Möchten Sie das Ledersofa in schwarz, braun oder weiß erwerben?"

Suggestivfragen werden von erfahrenen Verkäufern gegen Ende des Verkaufsgesprächs, wenn es um den Kauf des Produktes geht, angewandt. Sie dienen dazu, dem Kunden die vom Verkäufer erwartete oder erhoffte Antwort in den Mund zu legen. Ziel ist es, wie bei den Alternativfragen, den Kunden zu beeinflussen und ihn eventuell von einer, vielleicht rational begründeten, Antwort abzuhalten. Suggestivfragen sollen die Antwort meistens vorgeben.

Beispiel: Beim Verkauf eines PKW können Sie fragen: „Sollen wir in den Kaufvertrag die Alufelgen mit aufschreiben?" Also nichts anders als „Kaufen oder kaufen?".

Zielfragen orientieren sich unmittelbar am Ergebnis und kommen ohne Umwege auf den Punkt. Hier wird die Angriffsstrategie angewandt und der Kunde direkt mit dem Kauf des Produktes oder der Inanspruchnahme der Dienstleistung konfrontiert. Die Vorteile des Produktes sind dargestellt, erläutert und der Nutzen des Artikels ist dem Kunden schlüssig dargelegt worden. Jetzt wird es Zeit zum Abschluss zu kommen und „den Sack zuzumachen".

Beispiel: „Darf ich Ihnen diesen Artikel einpacken?"

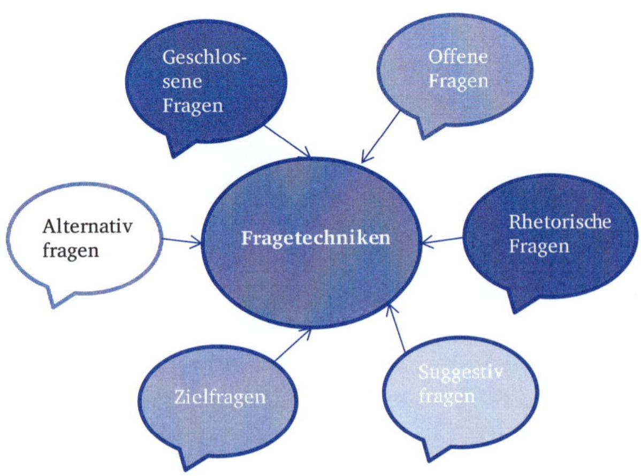

Fragetechniken

In einem Verkaufsgespräch werden in der Regel (Ausnahmen bestätigen diese) die einzelnen Fragestellungen zu unterschiedlichen Zeitpunkten angewandt:

- Geschlossene Fragen: Sollten generell vermieden werden, dienen lediglich zur Gewinnung von Zusatzinformationen
- Offene Fragen: Zu Beginn und während des Verkaufsgesprächs
- Zielfragen: Gegen Ende des Verkaufsgesprächs, um auf den Abschluss hinzuarbeiten
- Suggestivfragen: Zum Abschluss des Verkaufsgespräch
- Alternativfragen: Zum Abschluss des Verkaufsgesprächs
- Rhetorische Fragen: Können als Unterstützung während des gesamten Verkaufsgesprächs gestellt werden, meistens in der Verbindung mit der Nutzenbeschreibung des Produktes

Neben der Fragetechnik ist der Inhalt der Ansprache für den erfolgreichen Start eines Verkaufsgesprächs sehr wichtig. Die meisten Verkäufer wählen die allgemeine Frage „Kann ich Ihnen helfen?“, doch diese Frage führt in eine Sackgasse. Warum, erfahren Sie im nächsten Kapitel.

4.6 Warum „Kann ich Ihnen helfen?“ falsch ist

Die Kundenansprache ist der erste Versuch eine Beziehung zum Kunden aufzubauen bzw. ihn für sich zu gewinnen. Wichtig ist der Einstieg in das Verkaufsgespräch. „Wer fragt, der führt“ ist ein im Verkauf weitverbreitete These, die durchaus ihre Berechtigung hat.

In über 90% der Ansprachen verwenden Verkäufer die Floskel „Kann ich Ihnen helfen?“. Inhalte unzähliger Schulungen beschäftigen sich mit der Aufgabe den Mitarbeitern diese Floskel auszutreiben – mit durchschnittlichem Erfolg. Trotz aller Pro-Argumente für diesen Eröffnungssatz – Distanz zum Kunden halten, kurze Ansprache oder den Kunden beobachten – ist diese Ansprache einfach nur falsch. Warum ist das so?

Erstens handelt es sich um eine geschlossene Frage, in der die überwältigende Mehrheit mit „Nein danke“ antwortet. Manche Kunden fügen dem Nein noch ein „mir ist nicht mehr zu helfen“, an und beenden damit abrupt den Einstieg in das Verkaufsgespräch.

Zweitens führt diese Art der Frage zu einem Wechsel in der Gesprächsleitung. Der Verkäufer sollte in einem Verkaufsgespräch immer die Fäden in der Hand halten. Es ist fahrlässig, die Chance zu vertun, das Gespräch zu steuern.

Veranschaulichen wir diesen Sachverhalt an einem Beispiel.

Ein Kunde betritt ein Textilgeschäft und der Verkäufer begrüßt ihn mit den Worten „Guten Tag, kann ich Ihnen helfen?" Der Kunde wird mit einer sehr hohen Wahrscheinlichkeit antworten: „Nein danke, ich möchte mich nur umschauen. Wenn ich Hilfe brauche, melde ich mich." Was passiert in diesem Moment? Der Verkäufer wechselt von einer agierenden zu einer reagierenden Person, vom Aktiven zum Passiven. Er gibt seinen Heimvorteil leichtfertig auf. Er hat keine Möglichkeit mehr, den Ablauf des Verkaufsgesprächs zu beeinflussen oder gar zu steuern. Ein Gefühl der Ohnmacht, der Handlungsunfähigkeit macht sich breit, der Mitarbeiter kann nur auf ein Signal des Kunden warten, um wieder in das Verkaufsgespräch zurückzufinden.

Mit dem Nein des Kunden meldet sich der Verkäufer aus dem Verkaufsgespräch ab und begibt sich in eine Ecke, aus der er nur schwer wieder herauskommt. Was soll er denn auch tun? Hinter dem Kunden herlaufen und hoffen, dass sich die Blicke nochmals treffen oder den Kunden erneut ansprechen, obwohl dieser bereits einmal nein gesagt hat?

Als Verkäufer sollte man immer agieren und niemals reagieren, das Gespräch leiten, den Kunden zu einem Dialog bewegen, Sympathie schaffen und den potenziellen Kunden durch das Verkaufsgespräch führen.

Der Kunde kauft nicht das Produkt, denn das gibt es woanders auch, sondern den Verkäufer, also Sie. Viele Verkäufer sind sich dieser Tatsache nicht bewusst.

Der Kunde betritt ein Geschäft, eigentlich will er nicht beraten werden, Beratung ist aber notwendig, um das Verkaufserlebnis für ihn optimal zu gestalten. Um ein Beratungsgespräch erfolgsversprechend zu beginnen gibt es verschiedene Varianten – „Kann ich Ihnen helfen" gehört nicht dazu.

Im folgenden Kapitel werden alternative Techniken für eine gelungene Ansprache vorgestellt.

Verbannen Sie „Kann ich Ihnen helfen" in die Mottenkiste

Mit diesem Satz manövrieren Sie sich als Verkäufer ins Aus und übergeben dem Kunden die Leitung des Verkaufsgesprächs. Sie vertun damit eine Chance, aktiv in ein Beratungsgespräch einzusteigen.

4.7 So sprechen Sie Kunden erfolgreich an

Die Behauptung, die meisten Kunden seien gleich, ist eine Fehleinschätzung, auch wenn die Abverkaufszahlen dies vermuten lassen. Kunden kaufen oft aus unterschiedlichen Motiven denselben Artikel oder nutzen die gleiche Dienstleistung. Ein erfahrener Verkäufer sondiert die verschiedenen Situationen und stellt sich auf das Motiv des Kunden ein.

Anstelle des vernichtenden Einstiegssatzes: „Kann ich Ihnen helfen?", sollten Ansprachen gewählt werden, die dem Verkäufer die Option eröffnen, direkt mit dem Kunden zu kommunizieren. Der Kunde sollte in eine Situation gebracht werden, in der er auf die Ansprache des Verkäufers bereitwillig antworten kann.

Die folgende Aufstellung von zehn Einstiegsformulierungen ist lediglich ein Ausschnitt verschiedener Varianten und erhebt nicht den Anspruch auf Vollständigkeit.

Alternative Techniken, um ein Gespräch zu beginnen, können beispielsweise sein:

Beispiele für erfolgreiche Kundenansprache

- Diese Jacke gibt es auch in braun und blau …
- Sie stehen vor dem meistverkauften Fernseher der letzten Monate, er hat …
- Dieses Sofa sieht auch in Stoff sehr gut aus und wird sogar kostenlos geliefert …
- Toll, dass Sie bei diesem Wetter zu uns gekommen sind. Die Uhr erhalten Sie auch mit einem anderen Armband …
- Hier sind Kenner am Werk, das ist der meistverkaufte DVD-Rekorder des letzten Jahres …

- Wonach möchten Sie sich genau umschauen? ..., da habe ich genau das richtige für Sie ...
- Mit diesen Schuhen können Sie nichts falsch machen ...
- Dieser Mantel ist der pflegeleichteste, den wir führen ...
- Diese Brille lässt Sie sehr sportlich aussehen, es gibt sie auch in anderen Fassungen ...
- Dieses Auto werden Sie gegen Ihre Frau verteidigen müssen, es ist das absolute Familienauto ...
- Dieser Mantel lässt sich mit ... wunderbar kombinieren ...
- Für welche Sportart suchen Sie denn einen Turnschuh?
- ...

4.8 Viertes Gebot

Machen Sie einen guten ersten Eindruck auf den Kunden. Die richtige Ansprache sowie Gestik und Mimik entscheiden darüber, ob Sie im Beratungsgespräch die Leitung übernehmen oder nicht.

Der Umgang mit dem Kunden und das systematische Vorgehen in einem Verkaufsgespräch, angefangen bei der Kundenansprache, über die Beratung, bis hin zum strukturierten Abschlussgespräch, lassen sich erlernen, wenn die Spielregeln des erfolgreichen Verkaufens eingehalten werden. Darum geht es im fünften Kapitel.

5. Kapitel

5

Verkaufsphasen – der Schlüssel zum Erfolg

„Noch so einer“

Wie man die, im folgenden Kapitel, beschriebenen Verkaufsphasen nicht anwenden sollte, erlebte ich in einem Elektro-Fachmarkt in Bremen.

Zu dieser Zeit spielte ich mit dem Gedanken mir ein Smartphone zuzulegen. Ich kenne mich mit Smartphones nicht besonders gut aus und auch den Tarifdschungel durchblicke ich nicht, deshalb wollte ich mich fachkundig beraten lassen. Ich begab mich in die entsprechende Abteilung und da alle Verkäufer besetzt waren, wartete ich, bis ein Mitarbeiter frei wurde.

Als es dann soweit war, begrüßte ich den Verkäufer höflich und erzählte ihm, dass ich mir ein Smartphone zulegen möchte, technisch aber nicht sehr versiert sei. Der Verkäufers begrüßte mich mit den Worten: „Noch so einer, warum kommen die alle zu mir“, was mich etwas verwirrte. Eine erfolgsversprechende Begrüßung sieht anders aus (Sympathiephase). Als er merkte, dass ich über seine Aussage nicht besonders amüsiert war, versuchte er, die Situation mit einem Witz zu entschärfen. Als ich dann endlich wieder zu Wort kam, versuchte ich, meine Wünsche zu äußern, hatte jedoch keine Chance, da mich der Berater nicht nur permanent unterbrach, sondern auch meine Vorstellungen als falsch und veraltet bezeichnete.

Die Bedarfsermittlung schloss er mit dem Satz ab: „Da habe ich für Sie genau das richtige Gerät – ein Anfängermodell“. Nun begann er das Produkt zu beschreiben und die Vorzüge herauszustellen.

Ich verstand lediglich einen Bruchteil dessen, was er sagte, da er begann, sich auf Fremdwörter und Fachausdrücke zu verlegen, obwohl ich ihm ja anfangs mitgeteilt hatte, dass ich von technischen Dingen wenig verstehe. So viel zum Thema persönliche Beratung. Als er bemerkte, dass ich ihn nicht mehr verstand, fragte er mich, ob noch „alles Roger" sei, was ich verneinte.

Um das Ganze abzukürzen: Als er mir am Schluss den Preis nannte, teilte ich ihm mit, dass mir dies zu teuer sei und ich mich auch noch woanders umschauen wolle (Einwand). Völlig entrüstet fragte er mich, wieso ich der Meinung sei, das Smartphone wäre zu teuer, wo ich doch wenig Kenntnisse von den technischen Komponenten habe. Meinen Einwand nahm er, so schien es mir, persönlich und er wollte, dass wir „darüber diskutieren sollten". Ich bedankte mich für die äußerst zuvorkommende Beratung und verließ den Elektro-Fachmarkt.

Was lief hier schief?

- ☐ Lediglich die Ansprache war etwas suspekt.
- ☐ Er hätte mehr auf den Verkaufspreis eingehen sollen.
- ☐ Das gesamte Verkaufsgespräch war eine Katastrophe.
- ☐ Im Großen und Ganzen war das Verkaufsgespräch in Ordnung, nur die Vielzahl der technischen Daten war zu viel Information.

Natürlich war der gesamte Ablauf dieses Gespräches eine einzige Katastrophe. Die Begrüßung, die der Berater wählte, schuf kein Vertrauen. Das permanente Unterbrechen des Kunden ist nervig und nicht zielführend, da der Kunde sich nicht ernst genommen fühlt. Die ausführliche Beschreibung der technischen Daten überforderte den Kunden. Und „alles Roger" ist keine gezielte Nachfrage, um das Verständnis des Kunden zu ermitteln. Auch die versuchte Diskussion nach dem fehlgeschlagenen Abschlussversuch ist kein Weg, um doch noch einen Abschluss zu erzielen.

Sicherlich sind solche „Kundenberatungen" nicht die Regel, es gibt sie allerdings immer noch. Dass es auch anders geht, lernen Sie im folgenden Abschnitt zu den einzelnen erfolgreichen Verkaufsphasen, die wie folgt strukturiert sind:

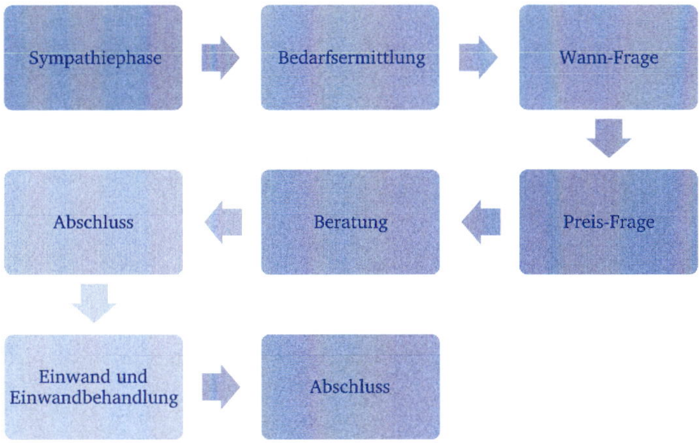

Phasen des erfolgreichen Verkaufens

5.1 Phase 1: Sympathie wecken

Sympathie im Verkauf suggeriert den Aufbau eines persönlichen Verhältnisses zum Kunden. Diese persönliche Bindung bildet die Basis zum Einstieg in ein erfolgreiches Verkaufsgespräch. Viele Verkäufer betrachten den Kunden als eine Art „Cash Cow“, die gemolken werden muss, damit es dem Unternehmen und dem Mitarbeiter gut geht. Gerade bei Verkäufern, deren monatliches Einkommen von einem Provisionsmodell abhängt, herrscht diese Auffassung des Öfteren vor. Diese Einstellung ist weder kundenorientiert, noch für das Unternehmen zielführend.

Der Verkäufer sollte versuchen, sein Gegenüber als Mensch und nicht als Kunde zu sehen. Die persönliche Komponente spielt zu Beginn des Verkaufsgesprächs eine nicht zu unterschätzende Rolle. Entsteht beim Kunden das Gefühl, dass es dem Mitarbeiter nur ums Geld geht und nicht um die Sache, ist das Verkaufsgespräch zu Ende, bevor es überhaupt begonnen hat. Gibt der Verkäufer dem Kunden aber das Gefühl, er befindet sich unter Freunden, kann er das Gespräch anders steuern. Weniger Verkäufer ist am Anfang mehr.

Die Sympathiephase beginnt mit dem ersten Kontakt und endet offiziell mit dem Beginn der Bedarfsermittlung. Inoffiziell zieht sich der Sympathiefaktor, der in der Sympathiephase aufgebaut wird, durch das gesamte Verkaufsgespräch. Rein formal betrachtet, beginnt jedoch mit der Bedarfsermittlung eine neue Phase im Verkaufsgespräch.

Zentrales Element, um Sympathie aufzubauen sind, neben einer höflichen Begrüßung, das uneingeschränkte „Zuhören“ und die effiziente Nutzung der daraus gewonnenen Informationen für das Verkaufsgespräch. Leider ist die Gabe des Zuhörens nicht bei allen gleich stark ausgebildet. Viele Verkäufer hören dem Kunden kurz zu, erfahren, was der Kunde möchte und fangen an, über die Vorteile des Produktes zu reden.

Warum ist Zuhören so wichtig?

Nimmt der Verkäufer sich Zeit, hört er dem Kunden aufrichtig zu und filtert die notwendigen Informationen für sich heraus, wird der Abschluss des Verkaufsgespräches erleichtert.

Viele Kunden, vor allem der älteren Generation, erzählen Ihnen manchmal ihre gesamte Lebensgeschichte. Nutzen Sie diese Art der Information für das Verkaufsgespräch, saugen Sie diese Informationen auf wie ein Schwamm und wenden sie diese später, in der Abschlussphase, gezielt an.

Folgende Beispiele sollen Ihnen zeigen, wie man Informationen aufnimmt und Sympathie aufbaut:

- Teilt Ihnen der Kunde mit, dass er einen Anzug für eine Hochzeit benötigt, fragen Sie ihn dezent, wer heiratet. Sollte der Kunde selbst der Glückliche sein, gratulieren Sie ihm und seiner Braut auf das Herzlichste. Stellen Sie ein paar Fragen zur bevorstehenden Hochzeit, zeigen Sie so Interesse an dem kommenden Event. So schaffen Sie von Beginn an eine ungezwungene Atmosphäre und bauen Sympathie auf.

- Schaut sich der Kunde nach einem CD/DVD-Wandregal um, fragen Sie ihn, welche Musikrichtung er bevorzugt. Reden Sie mit ihm über verschiedene Musikthemen, stellen Sie zunächst die Musik in den Vordergrund. Die Sympathie zwischen Ihnen und dem Kunden wird verstärkt.

- Benötigt der Kunde ein Fahrzeug mit einer separaten Hundetrennwand, informieren Sie sich über die Rasse des Hundes. Versuchen Sie mehr über den Hund des Kunden zu erfahren, dies fördert den Aufbau der Sympathie zwischen Ihnen und ihm.

- Beabsichtigt der Kunde eine Bücherwand zu kaufen, fragen Sie, welches Buch er zuletzt gelesen hat. Lassen Sie den Kunden über den Inhalt seines aktuell gelesenen Buches berichten. Sie öffnen so die Tür für den Aufbau einer beidseitigen Sympathiephase. Aber Vorsicht, der Kunde kann den „Spieß“ auch umdrehen. Als ein Kunde eine Bücherwand kaufen wollte und der Verkäufer nach dem Buch fragte, welches der Kunde zuletzt gelesen hatte, stellte der Kunde die gleiche Frage. Der Verkäufer, der wahrscheinlich in der letzten Zeit kein Buch gelesen hatte antwortete spontan, dass das letzte spannende Buch, das er gelesen hatte sein Sparbuch war. Allerdings ginge diese Geschichte nicht gut aus. Schon war das Eis gebrochen und eine Sympathie zwischen Kunde und Verkäufer aufgebaut.

- …

Gelingt es dem Verkäufer, den Kunden dazu zu bewegen von seinem Hobby zu erzählen, ist eine große Hürde im Verkaufsgespräch bereits genommen. Über Hobbys erzählen Menschen besonders gerne und ausführlich, sie geraten ins Schwärmen und verlieren für einen Moment das Bewusstsein für den eigentlichen Zweck ihres Besuches. Erfahrene Verkäufer sind sich dieser Situation bewusst und schaffen eine fast freundschaftliche Atmosphäre im Verkaufsgespräch.

Betrachtet der Kunde den Verkäufer eher als Freund und nicht als einen Mitarbeiter des Unternehmens, besteht nun die Aufgabe die Interessen auf das eigentliche Verkaufsgespräch zu lenken. Eine elegante Lösung ist der fließende Übergang auf die Bedarfsermittlung bzw. den Kundennutzen. Hierbei empfiehlt es sich zunächst, die momentane Ist-Situation bei den Produkten und Dienstleistungen des Kunden zu eruieren, um dann in die eigentliche Bedarfsanalyse einzusteigen.

5.2 Phase 2: Bedarfsermittlung

Ziel der Bedarfsermittlung ist die Ermittlung der Wünsche und Motive des Kunden zur Stärkung der Sympathie.

Bevor dem Kunden verschiedene Produkte oder Dienstleistungen angeboten werden, sollte ihm die Möglichkeit eingeräumt werden, seine Bedürfnisse zu äußern.

Viele Verkäufer starten unmittelbar mit der Beratung auf das neue Produkt und dem daraus entstehenden Nutzen für den Kunden. Sicherlich ist es vorteilhaft, dem Kunden während der Bedarfsermittlung den Nutzen des Produktes näherzubringen, jedoch sollte das Verkaufsgespräch strukturiert ablaufen, was eine Analyse des Istzustandes voraussetzt.

Fragen Sie zunächst den Istzustand ab und inwieweit dieser Zustand beibehalten oder verändert werden soll. Die sich daraus ergebenden Fragen sind essenziell, damit dem Kunden die passende Lösung angeboten werden kann. Dies führt nicht nur zu einer Steigerung des Ansehens des Verkäufers – hier ist ein Profi am Werk – sondern erspart im Verkaufsgespräch auch eine Menge Zeit. Anhand der folgenden Beispiele grenzen erfahrene Verkäufer die Bandbreite möglicher Erzeugnisse oder Waren voneinander ab und finden besser und schneller das für den Kunden passende Produkt.

Fragen zum Ist-Zustand	Fragen zum Soll-Zustand
Welchen Kaffee bevorzugen Sie?	Worauf kommt es Ihnen beim Genuss an?
Welchen TV-Typ haben Sie?	Möchten Sie zukünftig LED oder Plasma?
Wie ist der Bezug Ihres Sofas?	Wollen Sie wechseln oder die Art des Bezuges beibehalten (Leder oder Stoff)?
Welchen Fahrzeugtyp fahren Sie?	Was wollen Sie in Zukunft fahren (Limousine oder Combi)?
Welche Schaltung bevorzugen Sie?	Automatik oder Schaltgetriebe?

Die Bedarfsermittlung zielt darauf ab, durch Fragen und aktives Zuhören möglichst viele Informationen über den Kunden und dessen Wünsche und Vorstellungen zu erfahren. Zusätzlich zu den o. a. Fragestellungen sind folgende Varianten denkbar.

- Worauf legen Sie bei Ihrem … besonderen Wert?
- Welche Erfahrungen haben Sie mit dem … bisher gemacht?
- Wie wichtig ist für Sie das neue …?
- Was wünschen Sie sich gegenüber dem bisherigen …?
- …

Durch eine professionell angewandte Fragetechnik festigt sich beim Kunden der Eindruck, dass der Verkäufer Interesse an seinen Wünschen und Vorstellungen hat. Der Verkäufer sollte herausfinden, welche Motive des Kunden zugrunde liegen und warum er dieses

Produkt kaufen oder die Dienstleistung in Anspruch nehmen will. Strukturiertes Fragen und aktives Zuhören stehen im Vordergrund.

Auf keinen Fall darf der Eindruck eines Verhörs entstehen. Der Kunde muss die Aufmerksamkeit und das Interesse des Verkäufers spüren. Dies gelingt, wenn der Verkäufer neben den Nutzenvorteilen für den Kunden auch Formulierungen verwendet, die beim Kunden ein positives Empfinden verursachen. Dieses positive Empfinden des Kunden gibt Ihnen die Möglichkeit, Bedürfnisse und Wünsche des Kunden zu konkretisieren. Jetzt müssen diese Eindrücke noch abgesichert werden, dies geschieht mit zielführenden, geschlossenen Fragen.

- Sie haben sich für ein Ledersofa entschieden?
- Entspricht die Farbe Ihren Vorstellungen?
- Ihr Fernseher soll die Funktionen HD und 3D besitzen?
- Sie wollen eine Uhr der Marke XYZ?

Innerhalb der Bedarfsermittlung soll der Verkäufer einen Weg finden, dem Kunden ein Produkt oder eine Dienstleistung schmackhaft zu machen, sodass möglichst viele Bedürfnisse des Kunden befriedigt werden können. Gegen Ende der Bedarfsermittlung sollte der Verkäufer die einzelnen Ergebnisse der Bedarfsermittlung nochmals zusammenfassen, entweder offen und für den Kunden hörbar oder für sich alleine stillschweigend.

Unterscheiden lassen sich die direkte und die indirekte Bedarfsermittlung. Bei der direkten Bedarfsermittlung stehen offene Fragen im Vordergrund, innerhalb derer der Kunde zur Antwort animiert wird und in ganzen Sätzen antworten muss. Bei der indirekten Bedarfsermittlung werden dem Kunden verschiedene Produkte vorgelegt oder angeboten und anhand der Reaktion des Kunden lassen sich Rückschlüsse auf seine Bedürfnisse ziehen.

Bereits in dieser frühen Phase des Verkaufsgesprächs sind die Bedarfsermittlung und die Nennung des Kundennutzens untrennbar miteinander verbunden. Der Kundennutzen ist das stärkste Kaufargument für den Kunden. Während der Bedarfsermittlung lassen erfahrene Verkäufer bereits die ersten Nutzenvorteile in das Verkaufsgespräch einfließen und erhöhen damit die Begeisterung des Kunden.

Der Kundennutzen sollte aber sparsam und bewusst gewählt werden, da zu viele Vorteile den Kunden eher überfordern als begeistern. Im Vorfeld der eigentlichen Beratung sollten einige essentielle Fragen zum Produkt oder der Dienstleistung geklärt werden, insbesondere die „Wann"-Frage und die hochsensible Preisfrage stehen dabei im Vordergrund. Mehr dazu in den folgenden Abschnitten.

Bedarfsermittlung spart Zeit. Bei der Bedarfsermittlung klären Sie den Ist- und den Sollzustand des Kunden. Wenden sie dazu die unterschiedlichen Fragetechniken an. Ziel ist es, möglichst viel über die Bedürfnisse des Kunden zu erfahren. Dadurch sparen Sie sich später eine Menge Zeit. Lassen Sie auch den Kundennutzen in die Bedarfsermittlung einfließen.

5.3 Phase 3: „Wann"-Frage

In vielen Marktsegmenten, in denen die Produkte vorrätig sind, ist eine „Wann"-Frage nicht notwendig. Jedoch gibt es auch Branchen, wie beispielsweise die Automobil- oder Möbelbranche, in denen die „Wann"-Frage essenzieller Bestandteil des Verkaufsgesprächs ist.

Warum sollte die „Wann"-Frage rechtzeitig gestellt werden?

Viele Verkäufer wenden sich nach Begrüßung und Sympathiephase direkt der Beratung zu und vergessen, dass neben der Bedarfsermittlung verschiedene Fragen, u. a. auch die „Wann"-Frage gestellt werden müssen. Spätere Ungereimtheiten lassen sich bei rechtzeitiger Klärung der „Wann"-Frage vermeiden.

Folgendes Beispiel aus der Automobilbranche verdeutlicht die Problematik.

Keine nachträglichen Geburtstagsgeschenke!

Stellen Sie sich vor, Sie bedienen einen Mann – Anfang fünfzig – zu einem Auto für seine Tochter. Sie haben die Sympathiephase erfolgreich absolviert und die Chemie zwischen Ihnen stimmt. Das Modell entspricht genau den Vorstellungen des Käufers und auch in der Preisfrage liegen die Vorstellungen nicht mehr weit auseinander. Das gesamte Verkaufsgespräch hat bisher ca. 30 Minuten gedauert. Sie kommen zum Abschluss und teilen dem Kunden mit, dass das Auto in sechs bis acht Wochen zur Verfügung steht.

Der Mann schaut Sie entsetzt an und teilt Ihnen mit, dass er das Auto zum Geburtstag seiner Tochter benötigt. Da Sie vergessen haben, frühzeitig die „Wann“-Frage zu stellen, endet das Verkaufsgespräch in dem Moment, als ihnen der Kunde mitteilt, dass seine Tochter bereits in drei Wochen Geburtstag hat.

Sie haben sich in eine Situation manövriert, aus der Sie nur noch schwer herauskommen. Das ganze Verkaufsgespräch hat sich auf dieses Fahrzeugmodell konzentriert und ist nun hinfällig. Sie müssen, wenn dies überhaupt noch möglich ist, auf ein anderes Modell bedienen, welches in drei Wochen lieferbar ist oder Sie stellen dem Kunden ein gleiches Modell leihweise zur Verfügung, bis der bestellte Fahrzeugtyp vor Ort ist. Sollte der Kunde diese Variante wählen, bleibt immer ein fader Beigeschmack, da die Tochter, das Auto wieder abgeben muss. Noch schwieriger wird es, wenn das Leihauto mehr Extras besitzt, als das eigentlich gekaufte Modell.

In den meisten Fällen wird sich der Kunde höflich verabschieden und ein anderes Autohaus aufsuchen, um seiner Tochter den Wunsch nach dem entsprechenden Modell zu erfüllen. Auch die Aussage, dass es beim Wettbewerber nicht anders aussehen würde, beruhigt den Kunden nicht. Das Verkaufsgespräch wird scheitern.

Die rechtzeitige Anwendung der „Wann“-Frage verhindert solche Komplikationen.

5.4 Phase 4: Preisfrage

Bei der Frage nach den finanziellen Vorstellungen des Kunden müssen Sie sensibel vorgehen. Aus Angst oder Scheu, die Preisfrage bewusst ans Ende der Beratung zu stellen, ist der falsche Ansatz, da der Preis nur einer von vielen Faktoren ist, der für die Kaufentscheidung eine Rolle spielt.

Jeder Mensch hat eine Vorstellung davon, was Produkte und Dienstleistungen für ihn maximal kosten dürfen, d. h. für welche Summe er bereit ist sein erspartes Geld auszugeben. Diese Vorstellung wird als persönliche Ausgabenschwelle bezeichnet. Das Ziel des Verkäufers ist es, diese zu erfragen.

Die Preisfrage ist ein hochsensibles Thema, da der Kunde nicht brüskiert werden will und das gute Verhältnis, das sich aus der Sympathiephase und der Bedarfsermittlung ergeben hat, nicht zerstört werden soll. Wichtig: Der Verkäufer darf den Preis nie isoliert nennen, sondern immer verbunden mit dem Nutzen, der mit dem Preis verbunden ist. Die dafür notwendigen Informationen erhält der Verkäufer aus der Bedarfsermittlung.

Immer wieder wird die Frage nach dem optimalen Zeitpunkt der Preisfrage diskutiert. Einerseits wird auf die Sensibilität der Preisfrage hingewiesen und empfohlen, diese möglichst spät zu stellen, andererseits wird auf die Risiken einer zu späten Klärung der Preisfrage hingewiesen. Bei beratungsintensiven Produkten empfiehlt es sich die Preisfrage möglichst früh zu stellen. Warum?

Lassen Sie uns folgendes Beispiel betrachten. Es untermauert die These, dass die Preis-Frage frühzeitig gestellt werden muss.

Wenn das „einzig Wahre" zu teuer ist …

In einem Möbeleinrichtungshaus bedienen Sie auf ein hochwertiges Ledersofa mit verschiedenen Funktionen. Sie haben die Sympathiephase genutzt und der Kunde fühlt sich bei Ihnen wohl. Die Chemie stimmt und die Bedarfsermittlung hat sie genau zu diesem Ledersofa geführt. Sie preisen das Sofa als das „Nonplusultra" und schwärmen von der Couch in höchsten Tönen. Sie teilen dem Kunden mit, dass dieses, und nur dieses Sofa, auf ihn zugeschnitten ist und ideal zu ihm und zum beschriebenen Wohnambiente passt.

Der Kunde ist guter Dinge und freut sich. Leider haben Sie bisher vergessen nach den Preisvorstellungen zu fragen und schieben die Frage nun hinterher.

Der Preis übersteigt die Vorstellungen des Kunden und seine Enttäuschung ist zunächst riesengroß und auch verständlich, hatte er sich doch mental bereits auf das neue Ledersofa eingestellt. Er erfährt jetzt auf schmerzliche Weise, dass er sich Dinge, die er gerne hätte, nicht leisten kann.

Viel eklatanter ist jedoch die Situation des Verkäufers. Was soll er jetzt tun? Er hatte das Ledersofa als das „einzig Wahre" für den Kunden angepriesen. Wie soll er nun ein anderes Sofa anbieten? Die gesamte Argumentationskette bricht zusammen und das gute Verhältnis zum Kunden wandelt sich in Enttäuschung und Ärger. Aus der Sackgasse findet der Verkäufer nur schwer wieder heraus, weil ihm nun die Glaubwürdigkeit fehlt. Der Kunde hat dem Verkäufer vertraut und nun soll er ihm bei einem anderen

Modell nochmals vertrauen, obwohl der Verkäufer das bisherige Produkt als ideal für den Kunden beschrieben hat? Bekommt er jetzt 1B-Ware angeboten? Vermutlich ist das Verkaufsgespräch beendet, da der Kunde hofft, das ersehnte Ledersofa in anderen Möbeleinrichtungshäusern günstiger zu bekommen. Der Verkäufer verliert nicht nur Zeit, sondern auch einen Kunden. Dies hätte verhindert werden können, wenn die Preisfrage rechtzeitig gestellt worden wäre.

Die Preisfrage darf nie alleine gestellt werden. Vorher müssen in der Phase der Bedarfsermittlung die ersten Kundennutzenargumente genannt worden sein. Die Preisfrage autark zu stellen, ohne dem Kunden einen Nutzen zu generieren, kommt meist schlecht an. Es gilt der Grundsatz „Nutzen vor Preis". Der Kunde sollte zuerst eine Wertvorstellung für das Produkt oder die Dienstleistung bekommen, bevor er mit dem Preis konfrontiert wird.

Warum wird die Preisfrage bei beratungsintensiven Produkten so früh gestellt?

1. Sie beraten auf das richtige Produkt, d. h. Sie verlieren keine Zeit und beraten auch nicht auf ein teureres Modell mit Funktionen, die der Kunde gerne hätte, sich aber nicht leisten kann.
2. Ihre Argumentationskette bricht nicht zusammen und Sie können das Verkaufsgespräch strukturiert weiterführen.
3. Es bleibt kein fader Beigeschmack und die mühsam aufgebaute Beziehung zum Kunden wird nicht getrübt
4. Der Verkäufer entgeht einer peinlichen Situation und erspart dem Kunden eine Enttäuschung.
5. Der Kunde ist zufrieden und die Möglichkeit einen wiederkehrenden Kunden oder sogar einen Stammkunden gewonnen zu haben ist sehr hoch.

Wie gesagt, die Preisfrage ist ein sensibles Thema. Niemand möchte dem Kunden zu nahe treten oder den Eindruck erwecken, der Kunde könne sich das fokussierte Produkt vielleicht nicht leisten. Gehen Sie deshalb diskret, aber direkte vor:

„Ich möchte Sie optimal bedienen und dabei spielt der finanzielle Aspekt eine wichtige Rolle. Ich will Ihnen nichts versprechen, was ich später nicht halten kann."

Dieser Satz ermöglicht den Einstieg in die konkrete Preisfrage, er fungiert als Türöffner und ist im eigentlichen Sinne nichts anderes, als eine angedeutete Entschuldigung dafür, dass man nach den finanziellen Möglichkeiten des Kunden fragt.

Vermieden werden sollten die Wörter „Preis“ und „Kosten“. Sie erzeugen bei den meisten Kunden ein negatives Gefühl. An dessen Stelle können Begriffe wie *Wertigkeit*, *Anlage*, *investieren*, *präferieren* und *gönnen* oder Formulierungen wie *das bekommen Sie dafür* etc. treten.

✔

Formulierungen, mit denen Sie die Preisvorstellungen Ihres Kunden ermitteln

- Sie investieren in diesen Fernseher, so wie er hier steht, ... €. Dafür erhalten Sie das TV-Gerät mit der höchsten Bildauflösung und Schärfe.
- Wenn ich fragen darf, wie viel haben Sie für das neue ... eingeplant? Sie investieren in ein absolutes Spitzenmodell, es gibt zurzeit nichts Besseres auf dem Markt.
- Diese Uhr hat nicht jeder, diesen Luxus können Sie sich bereits für ... € gönnen, Sie ist ein absolutes Highlight.

Hat der Kunde keine Vorstellung, was er ausgeben möchte oder will er es Ihnen nicht direkt mitteilen, tasten Sie sich an den Preis heran:

- Modell A liegt zwischen 8.000 € und 10.000 €, Modell B zwischen 11.000 € und 15.000 €. Welches Modell würden Sie präferieren? Beides sind Spitzenmodelle in ihrer Kategorie und haben ein unschlagbares Preis-Leistungsverhältnis.

Schauen Sie dem Kunden bei der Preisnennung immer in die Augen, strahlen Sie Selbstbewusstsein aus. Nur so vermitteln Sie dem Kunden glaubwürdig, dass der von Ihnen genannte Preis nicht zu teuer ist, sondern genau dem angebotenen Produkt entspricht. Häufig haben Verkäufer Angst, die Preisfrage zu stellen, weil sie selbst nicht vom Preis-Leistungsverhältnis ihres Produktes oder ihrer angebotenen Dienstleistung überzeugt sind.

Der Preis ist nur einer von vielen Faktoren im Verkaufsgespräch, Angst ist hier fehl am Platz. Wäre der Preis das alles entscheidende Kriterium, würde es keine Anbieter von Luxusartikeln geben. Der Preis entwickelt sich dann zu einem Problem, wenn er in keinem angemessenen Verhältnis zum Nutzen steht. Gelingt es dem Verkäufer, den Nutzen in den Vordergrund zu stellen, wird der Kunde bereit sein, den Preis eher zu akzeptieren. Verkäufer sollten Profis auf ihrem Gebiet sein und somit die besseren Argumente auf ihrer Seite haben.

Die „Wann"-Frage und die Preisfrage sind Elemente im Verkaufsgespräch, die im fließenden Übergang zwischen Bedarfsermittlung und Beratung eingestreut werden. Sie bilden keine lange Phase im Verkaufsgespräch, sondern haben eher vorbeugenden Charakter und helfen dem Verkäufer, etwaige Unwägbarkeiten im Verlauf des Verkaufsdialogs zu vermeiden.

Jetzt sind alle offenen Fragen geklärt und der Verkäufer kann sich seiner eigentlichen Kernaufgabe widmen, der intensiven Beratung.

Schieben Sie die Preisfrage nicht zu lange hinaus

Seien sie offen – auch beim Preis! Gehen Sie offen mit der Preisfrage um und machen Sie dem Kunden klar, dass Sie ihm nichts versprechen wollen, was Sie aufgrund fehlender Preisinformationen, nicht halten können.

5.5 Phase 5: Beratung

Als Verkäufer wollen Sie verkaufen. Dafür müssen Sie überzeugen und das gelingt nur mit guten Argumenten. Sie sollten dem Kunden das Gefühl vermitteln, das Produkt eigentlich selbst kaufen zu wollen.

Der gewünschte Artikel muss vom Verkäufer angepriesen, zelebriert und gelobt werden. Anbieten alleine reicht nicht aus. Begeisterung und Enthusiasmus für die Ware sind ein absolutes Muss. Der Kunde soll den Artikel anfassen, fühlen, ausprobieren oder testen können, wodurch das Verständnis und die Identifikation für das Produkt steigen.

Jeder einzelne Kundennutzen wird detailliert erklärt und die jeweiligen Vorteile für den Kunden herausgestellt. Sicherlich existieren eine Vielzahl von Nutzenelementen, die das Produkt oder die Dienstleistung für den Kunden interessant erscheinen lassen. Jedoch sollte der Verkäufer sich auf drei bis fünf effektive Nutzenvorteile beschränken. Bei mehr als fünf Kernpunkten kann der Kunde nicht mehr die Wichtigkeit der einzelnen Argumente einschätzen und wird schnell überfordert. Diese drei bis fünf konkreten und nachvollziehbaren Kundenvorteile verstärken den Kaufwunsch des Kunden aber nur dann, wenn die Nutzenvorteile auf den Kunden zugeschnitten sind. Dies verdeutlicht, wie wichtig das Zuhören während der Sympathiephase ist, um die wichtigsten Wünsche des Kunden hinsichtlich des Produktes oder der Dienstleistung zu erfahren.

Während der Beratungsphase zählen, neben der notwendigen Emotion und Begeisterung für die Waren und Dienstleistungen, nur noch Argumente für den Kauf des Produktes. Der Verkäufer sollte die in der Sympathiephase erworbenen Informationen mit dem Kundennutzen kombinieren. Verdeutlichen lässt sich dies anhand folgender Beispiele.

„Und Ihrem Hund gefällt das sicher auch."

Weiß der Verkäufer, dass der Kunde ein Hundeliebhaber ist und deswegen ein Auto mit abtrennbarem Bereich für seinen Hund sucht, sollte der Verkaufsberater bei den Verkaufsargumenten auch die Vorteile des angepriesenen Fahrzeuges für den Hund nicht aus den Augen lassen. Sucht der Kunde eine Bücherwand und der Verkäufer hat die Information, dass dem Kunden Bücher sehr wichtig sind, sollte er neben den fachlichen Produktargumenten auch auf den Nutzen für die Bücher (Schutz vor Staub, Beleuchtung etc.) eingehen.

Sie sehen, wie wichtig es ist, den Kunden von Beginn an zu „scannen", seine Verhaltensweisen zu studieren und seine Äußerungen als Informationen im Verkaufsgespräch einzusetzen.

Beraten und Nutzen generieren sind die Kernelemente eines Verkaufsgesprächs. Hierzu zählt neben der sozialen Komponente auch die fachliche Qualifikation. Der Kunde orientiert sich mit seiner Meinung an Profis und der Profi im Verkauf sind Sie, der Verkäufer.

Der Profi im Verkauf sind Sie

Kunden hören auf den Profi. Menschen verlassen sich tagtäglich auf den Rat von Profis: Sie suchen Rechtsanwälte, Steuerberater oder Ärzte auf. Der Arzt trifft eine Diagnose und verschreibt die entsprechenden Medikamente. Kaum jemand kommt auf die Idee dem Arzt nicht zu vertrauen.

Ähnlich verhält es sich im Verkauf. Nimmt man dem Verkäufer ab, dass er Experte auf seinem Gebiet ist, dann vertraut man ihm, wie man anderen Profi auch vertraut.

Freundlichkeit und Seriosität vermitteln Vertrauen. Erfahrung und Kompetenz in fachlichen Fragen signalisieren dem Kunden, dass er sich beim Verkäufer in guten Händen befindet. Aktives Zuhören empfindet der Kunde als Ernsthaftigkeit und Interesse gegenüber seinen Vorstellungen. Äußerungen, Gestik und Mimik werden analysiert und vom Kunden bewusst wahrgenommen und bewertet. Sind die Argumente des Verkäufers überzeugend und stichhaltig wird der Kunde sie akzeptieren.

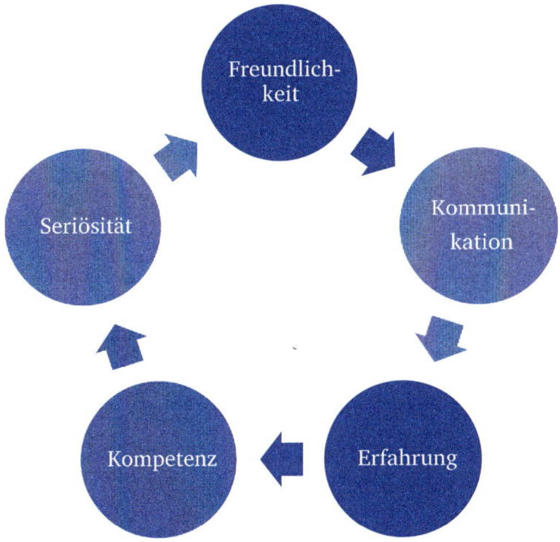

Merkmale eines Verkaufsprofis

Nun sind alle Elemente des Verkaufsgesprächs angesprochen und erörtert worden, der Kunde schätzt den Verkäufer nicht nur als Mensch, sondern auch als Profi auf seinem Gebiet, die Sympathie zieht sich durch das gesamte Verkaufsgespräch, „Wann"- und Preis-Frage sind beantwortet und der Kundennutzen dargestellt und erläutert. Als nächstes gilt es den Abschluss einzuleiten und die Einwände, falls vorhanden, zu lösen. Dieser anspruchsvollen Aufgabe widmet sich der folgende Abschnitt.

5.6 Phase 6: Abschluss

Bevor der Verkäufer den Abschluss einleitet, sollte er ein Resümee des bisherigen Verkaufsgesprächs ziehen und gedanklich die einzelnen Phasen und deren Inhalte nochmals vor seinem inneren Auge durchleuchten. Die folgenden Aspekte sind dem Verkäufer jetzt bekannt:

- Der Verkäufer kennt die Vorlieben des Kunden und hat eine entspannte Atmosphäre geschaffen (Sympathiephase).
- Er weiß, was der Kunde benötigt (Bedarfsermittlung) und hat bereits die Nutzenvorteile erklärt.
- Der Verkaufsberater ist über den Zeitpunkt des Erwerbs des Produktes informiert („Wann"-Frage).
- Der Verkäufer kennt den finanziellen Spielraum des Kunden (Preisfrage).
- Er hat das Produkt angepriesen, erklärt und der Kunde hat es, sofern möglich, getestet (Beratung und Nutzen).
- Der Kunde hat den Nutzen erkannt und versteht die Argumente des Verkäufers (Beratung und Nutzen).
- Der Verkäufer hat die Fragen des Kunden beantwortet (Beratung und Nutzen).

Jetzt wird es Zeit den Abschluss einzuleiten.

Viele Verkäufer haben hier Hemmungen und verhindern unbewusst an dieser Stelle den erfolgreichen Abschluss. Sie kommen ins Grübeln und überlegen, was noch alles zu erklären ist und welche weiteren Vorteile dem Kunden vor Augen geführt werden sollten. Dies sind alles Symptome fehlenden Selbstbewusstseins, Bedenken, Angst oder Unsicherheit und haben im Verkauf nichts zu suchen. Denkblockaden müssen verschwinden. Weitere Argumente oder Wiederholungen der bisher genannten Vorteile verzögern den Abschlussprozess. Je mehr Zeit der Kunde hat, um über seine Entscheidung nachzudenken, desto größer ist die Wahrscheinlichkeit, dass es nicht zu einem Abschluss kommt.

Das Ziel jedes einzelnen Verkaufsgesprächs ist der erfolgreiche Abschluss. Doch wie lässt sich ein erfolgreicher Abschluss herbeiführen und wie lässt sich auf elegante Weise die Abschlussfrage stellen?

Die Antwort ist relativ simpel: Nicht zögern und zaudern, sondern handeln! Ohne Umschweife auf den Punkt kommen und den Kunden direkt auf den Kauf ansprechen.

Der Kunde zeigt in der Regel durch sein verbales und nonverbales Verhalten bereits Anzeichen einer positiven Einstellung gegenüber dem Abschluss, ansonsten hätte er das Verkaufsgespräch schon vorher abgebrochen. Fragt er beispielsweise nach Abläufen, die erst nach dem Kauf des Produktes zum Tragen kommen oder wird direkt nach Preisnachlässen Ausschau gehalten, so sind dies Indizien dafür, dass die Kaufentscheidung innerlich bereits getroffen wurde. Solche Angaben sind aber keine Garantie für den Kauf des Produktes oder die Inanspruchnahme der Dienstleistung, sondern lediglich ein Signal, dass der Verkäufer auf dem richtigen Weg ist.

Konzeptionelles Denken und eine gute Vorbereitung auf den Abschluss ebnen den Weg zum Erfolg und sind unverzichtbar. Leider werden sie öfters vergessen oder nur halbherzig ausgeübt. Dies führt, seitens des Verkäufers, meist zu Verunsicherung, die der Kunde spürt. Die Vorbereitung auf den Abschluss erfolgt in der Regel kurz und knapp und schließt sich fließend an die Beratungsphase an.

Im Folgenden werden einige Punkte zur Vorbereitung auf den Abschluss kurz skizziert.

Die letzten Schritte vor dem Abschlusss

- ☐ Gehen Sie in Gedanken nochmals **alle Verkaufsphasen** durch.
- ☐ Kommen Sie **direkt auf den Punkt**, erzählen Sie jetzt keine „Geschichten" mehr. Fragen Sie direkt und ohne Zweifel. „Sollen wir das Besprochene jetzt so aufschreiben?"
- ☐ Geben Sie dem Kunden **keine Zeit** nochmals über die Richtigkeit seiner Entscheidung nachzudenken.
- ☐ Fassen Sie die **drei wichtigsten Kundennutzen** nochmals kompakt zusammen und konfrontieren Sie den Kunden damit.
- ☐ Stellen Sie die **drei Nutzenvorteile als Frage**, so geben Sie dem Kunden die Möglichkeit einfach zuzustimmen.
- ☐ Zum Abschluss sollten Sie ein **kleines Zugeständnis** oder eine besondere, für den Kunden kostenlose, Serviceleistung anbieten, wenn Sie merken, dass der Kunde noch nicht ganz entschlossen ist das Produkt zu erwerben.

Obwohl die meisten Verkäufer Kundengespräche professionell führen, fehlen oft die konkreten Ansätze das Abschlussgespräch zielführend einzuleiten.

Den Abschluss erfolgreich einleiten

Folgende Aussagen, bzw. Fragen, können den Weg zum Abschluss erleichtern.

- Sollen wir das eben Besprochene aufschreiben?
- In welcher Farbe darf ich Ihnen die neue Kommode bestellen?
- Wollen Sie das TV-Gerät direkt mitnehmen oder sollen wir liefern?
- Da kann ich Ihnen nur gratulieren, das Auto Ihrer Träume, zu einem so attraktiven Preis …
- Wir könnten Ihnen das Ledersofa bereits am … liefern.
- Sie haben sich also genau Ihre Wunschvorstellung erfüllt, dann darf ich gratulieren, bitte hier unten links unterschreiben.

Der Abschluss an sich, d. h. die konkrete Formulierung, um das Verkaufsgespräch erfolgreich abschließen zu können, wird von vielen Verkäufern als besonders schwierig empfunden. Viele haben das Gefühl dem Kunden etwas „aufzuschwatzen" oder fürchten sich vor einem „Nein" als Antwort auf die Frage, ob der Kunde das Produkt kaufen oder die Dienstleistung in Anspruch nehmen möchte.

Warum?

Was passiert, wenn der Kunde auf die Kaufanfrage des Verkäufers mit „Nein" antwortet?

Der Kunde fühlt sich in seiner Rolle unwohl und möchte nichts kaufen? Das ist eher unwahrscheinlich, er möchte kaufen, sonst wäre er nicht da. Der Kunde hat lediglich zum Ausdruck gebracht, dass er momentan, aus einem bestimmten Grund, nicht kaufen möchte. Der Anlass hierfür kann vielfältiger Natur sein, entweder ist ihm der Preis zu hoch oder es „zwickt" noch an irgendeiner anderen Stelle.

Nun gibt es zwei Möglichkeiten: Der Verkäufer hatte keinen Erfolg und der Kunde verlässt das Unternehmen oder der Verkäufer fängt an, um den Kunden zu kämpfen, denn Verkaufen fängt beim ersten „Nein" erst an.

Trotz der Anwendung erfolgreicher und erprobter Methoden und Mechanismen führt nicht jeder Abschlussversuch zum Erfolg. Bei einer sehr hohen Anzahl von Verkaufsgesprächen kommt es jetzt zu Einwänden seitens des Kunden, beispielsweise was den Preis betrifft oder er hat den Wunsch noch ein anderes Geschäft aufzusuchen etc. Mit Einwänden und deren Behandlung beschäftigt sich der nächste Abschnitt.

Nicht zu schnell aufgeben!

Verkaufen fängt beim ersten „Nein" erst an. Gehen Sie die einzelnen Verkaufsphasen gedanklich nochmals durch. Nutzen Sie die Kaufsignale, die der Kunde aussendet. Angst und Unsicherheit haben im Verkauf nichts zu suchen.

5.7 Phase 7: Einwand und Einwandbehandlung

Entscheidet sich der Kunde unmittelbar nach der Beratung zum Kauf, entspricht dies eigentlich nicht dem Verkaufen im eigentlichen Sinne, sondern ist lediglich die Entgegennahme einer Kaufentscheidung für ein angepriesenes Produktes oder eine Dienstleistung. Der Verkäufer spult sein antrainiertes Programm individuell, auf den jeweiligen Kunden bezogen ab und freut sich über eine leicht verdiente Provision. Leider ist dies bei beratungsintensiven und teuren Produkten und Dienstleistungen nicht die Regel. Meistens kommen nach der Beratung Einwände seitens des Kunden.

„Kunden haben Einwände weil sie unsicher sind und Angst haben, sich für das falsche Produkt zu entscheiden. Wenn es dem Verkäufer gelingt, die Einwände des Kunden als Vorboten für den Verkaufsabschluss zu verstehen, dann steht ein Quantensprung in der persönlichen Entwicklung des Verkäufers bevor."[5]

Die folgende Grafik stellt einen möglichen Ablauf zur Behandlung von Einwänden dar.

[5] Schön H., *Mit professioneller Einwandperformance besser verkaufen*, Springer Gabler, Wiesbaden, 2013, S. 4.

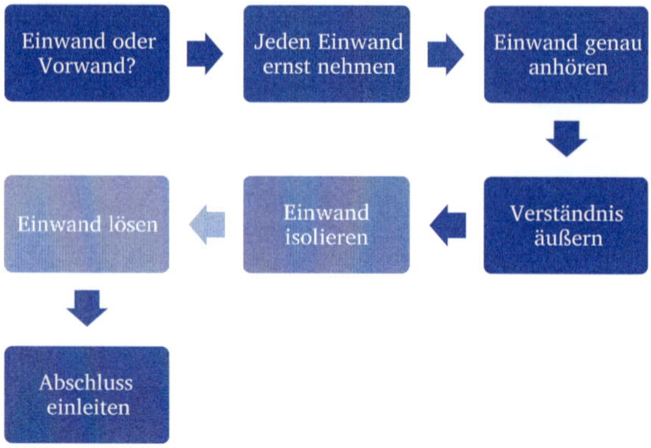

Einwandbehandlung in 7 Schritten

Einwände signalisieren entweder, dass der Kunde das vorliegende Angebot nicht akzeptiert, weil beispielsweise das angepriesene Produkt zu teuer ist oder er noch weitere Alternativen ins Auge fassen und sich woanders umsehen möchte. Einwände können rational – der Artikel ist zu teuer – oder emotional – fehlende innere Zustimmung sein.

Mögliche Einwände können sein:

- „Alles gut und schön, aber zu teuer“
- „Das Produkt ist bei ihrem Wettbewerber billiger“
- „Ich möchte mich noch woanders umschauen“
- „Das muss ich erst mit meiner Frau besprechen“
- „Ich überlege mir das Ganze noch einmal“....
- „Eigentlich wollte ich mich nur einmal informieren“

Einwand oder Vorwand?

Die vordringliche Aufgabe des Verkäufers besteht nun darin, zu erkennen, ob es sich um einen echten Einwand oder lediglich um einen Vorwand handelt. Lassen Sie uns den Unterschied zwischen einem Einwand und einem Vorwand anhand des folgenden kurzen Beispiels verdeutlichen.

Sie verabreden sich mit einem Bekannten, um gemeinsam ins Kino zu gehen. Einen Tag vorher sagt Ihnen der Bekannte ab, weil er länger arbeitet. Muss der Bekannte wirklich länger arbeiten, handelt es sich um einen Einwand, hat er nur keine Lust mit Ihnen ins Kino zu gehen, ist der Grund, länger arbeiten zu müssen, lediglich ein Vorwand.

Nur echte Einwände lassen sich lösen.

Schritt 1: Falscher oder echter Einwand?

Vorwand:

- „Ich habe heute kein Geld dabei, ich komme morgen wieder …"
- „Ich muss noch einmal überlegen, ob ich das wirklich brauche"
- „Ich kaufe nie etwas beim ersten Termin"

Echter Einwand:

- „Im Internet ist der Fernseher deutlich billiger"
- „Sie sind das erste Geschäft, das ich aufsuche. Ich möchte mich noch woanders informieren"
- „Der … ist mir zu teuer"

Viele Kunden äußern falsche Einwände, weil sie sich nicht trauen, den wahren Einwand zu nennen. Trotzdem ist jeder Einwand ernst zu nehmen.

Schritt 2: Jeden Einwand ernst nehmen

Auch wenn der Verkäufer direkt erkennt, dass der Einwand nicht ehrlich gemeint ist, sind alle Einwände ernst zu nehmen, da meistens hinter einem falschen Einwand ein echter verborgen liegt. Es sollte nicht der Eindruck erweckt werden, dass der Einwand als unehrlich oder sogar lächerlich empfunden wird. Um zu erfahren, welcher echte Einwand hinter dem falschen Einwand steckt, müssen Sie aufmerksam zuhören.

Schritt 3: Einwand genau anhören

Jeder Einwand wird gedanklich vorbereitet. Der Kunde überlegt genau, wann und wie er seinen Einwand artikuliert. Hat er sich bereits während des Verkaufsgespräches negativ über den Preis geäußert (zu teuer), zielt der falsche Einwand: „Ich kaufe nie etwas beim ersten Termin", höchstwahrscheinlich auf den Wunsch des Kunden ab, den Verkaufspreis zu senken. Informationen bezüglich der Wünsche und Bedenken des Kunden, die der Verkäufer während der Sympathiephase speichert, können dazu dienen, manche Einwände zu verstehen und auch zu lösen.

Schritt 4: Verständnis äußern

Der Kunde erwartet nach Äußerung seines Einwandes eher Gegenargumente oder eine langwierige Diskussion. Äußern Sie hingegen Verständnis für die Situation des Kunden verblüffen Sie ihn, da er nicht mit einer solchen Reaktion gerechnet hat.

„Diskussion gewonnen, Verkauf und Kunde verloren“. Es ist sinnlos sich auf eine Diskussion über den Einwand einzulassen. Der Verkäufer kann dieses Spiel nur verlieren. Selbst wenn er Recht behält, wird der Kunde den Kauf boykottieren und sich nach einer Alternative in einem anderen Unternehmen umsehen.

Wenn Sie Verständnis zeigen, überraschen Sie nicht nur den Kunden, es gelingt Ihnen auch, ihn auf eine höhere Ebene zu stellen. Der Kunde fühlt sich als Sieger des Verkaufsgesprächs – genau das ist die Absicht des Verkäufers. Er wird in Sicherheit gewogen, da man ihn im Glauben lässt, dass sein Einwand zutreffend ist. Bevor Sie sich dem Einwand widmen, sollten Sie ihn isolieren.

Schritt 5: Einwand isolieren

Der Verkäufer weiß nun, was das Problem des Kunden ist, kann sich aber nicht sicher sein, ob es nicht noch weitere Einwände gibt. Um nicht nach der erfolgreichen Einwandbehandlung eine böse Überraschung zu erleben, sollte der Einwand isoliert werden. Dies erfolgt durch gezielte Fragestellung: „Gibt es außer dem Preis weitere Bedenken oder Aspekte eine Entscheidung zu treffen?“ Der Kunde wird mit sehr hoher Wahrscheinlichkeit diese Frage verneinen, da der Verkäufer bereits Verständnis für den Einwand gezeigt hat und der Kunde sich seiner Sache in der Regel sicher ist. Er muss sich nicht weiter rechtfertigen, was bei einer anstehenden Diskussion über den Inhalt des Einwands der Fall wäre. In diesem Moment hat der Verkäufer den Kunden genau dort, wo er ihn haben will. Wenn es ihm jetzt gelingt den Einwand zu lösen, steht einem erfolgreichen Verkaufsabschluss nichts mehr im Wege.

Eine weitere Form den Einwand zu isolieren, ist die Zusammenfassung der bereits vom Kunden abgesegneten Eigenschaften. „Der … gefällt Ihnen, die helle Farbe entspricht Ihren Vorstellungen und die Lieferzeit ist auch o. k.“ Somit schließt der Verkäufer weitere Einwände aus.

Schritt 6: Einwand lösen

Das Lösen eines Einwandes kann u. a. über die Gewährung von Rabatten und Nachlässen (Einwand bzgl. des Preises), dem Einsetzen von Sonderleistungen oder durch strukturierte Gegenargumente erfolgen.

Der Einwand hinsichtlich des Preises lässt sich mit folgender Einstiegsfrage leichter lösen: „Nehmen wir einmal an, ich kann die Höhe des Preises zu Ihrer Zufriedenheit verändern, würden Sie sich dann zum Kauf des … entschließen?“ Wenn jetzt noch Einigung bezüglich des Preises erlangt wird, ist ein Abschluss sehr realistisch.

Als bedeutend schwieriger ist es, die Einwände durch Gegenargumente zu entkräften.

Ein Kunde möchte einen Pullover erwerben. Nach einem Verkaufsgespräch, in dem der Verkäufer alle Vorteile des Pullovers hinsichtlich Stoff, Form etc. dargelegt hat, signalisiert der Kunde auf die Frage des Kaufs grundsätzlich seine Bereitschaft den Pullover zu erwerben, allerdings nur in der Farbe Blau. Leider ist der Pullover nur in gelb, grün und bordeaux vorrätig. Der Einwand des Kunden den Pullover nur in blau erwerben zu wollen, ist ein echter Einwand. Dieser Einwand lässt sich eventuell mit dem Hinweis, dass bordeaux und grün dieses Jahr die Trendfarben seien und der Pullover in diesen Farben dem Kunden besonders gut stehe, lösen.

Der Außendienstmitarbeiter möchte bei der Kundenakquise einen Termin mit dem Einkaufsleiter eines potentiellen Kunden vereinbaren. Er wird mit dem Hinweis, dass Kosteneinsparungen in allen Bereichen die Strategie des Konzerns in den nächsten Jahren bestimmen, vertröstet. Der Verkäufer bestätigt den Einkaufsleiter in seiner These, in dem er die Kosteneinsparung als wichtiges und bedeutsames Thema untermauert. Gleichzeitig fragt er den Einkaufsleiter, ob er einen Termin bekäme, wenn es ihm gelänge nachzuweisen, dass seine Produkte Kosten einsparen. Der Einkaufsleiter stimmt der Frage zu, da dies auch im Interesse des Unternehmens ist. Nun weist der Außendienstmitarbeiter darauf hin, dass er über Referenzen verfüge, die vom direkten Wettbewerb des Unternehmens und von anderen Betrieben der Branche stammen und eindeutig belegen, dass mit seinen Produkten deutliche Einsparungen erzielt werden können. Anschließend fragt er den Einkaufsleiter ob der 12.04. oder der 16.04. als Termin passen würde.

Schritt 7: Abschluss einleiten

Nachdem nun der Einwand gelöst wurde, wird der zweite Versuch unternommen den Abschluss einzuleiten. Kommt vom Kunden immer noch ein „Nein“, tritt das „Zweite Gesicht“ in Erscheinung.

i

Einwände immer ernst nehmen

Seien Sie auf immer auf Einwände vorbereitet. Einwände von Kunden sind Teil des Verkaufsgesprächs. Nehmen Sie jeden Einwand ernst und zeigen Sie Verständnis. Der Kunde fühlt sich sicher und in seiner Meinung bestätigt. Wenn es Ihnen dann gelingt, den Einwand zu isolieren und anschließend zu lösen, steigen die Chancen auf einen erfolgreichen Abschluss des Verkaufsgesprächs.

5.8 Phase 8: Das zweite Gesicht

Eigentlich ist das Verkaufsgespräch nach dem gescheiterten zweiten Abschlussversuch zu Ende. Der Verkäufer konnte dem Kunden kein akzeptables Angebot unterbreiten, denn in mindestens einem Verhandlungspunkt wurde keine Einigung erzielt. Die Bearbeitung der Einwände hat nicht den erwünschten Erfolg erzielt und der Kunde möchte das Geschäft verlassen. Nun bleibt dem Verkäufer nur noch eine Option. Er bittet den Kunden noch kurz Platz zu behalten, da er seinen Vorgesetzten rufen wird, in der Hoffnung dieser bringt das Verkaufsgespräch noch zu einem erfolgreichen Abschluss. Er verweist auf gewisse Sonderkonditionen, die er aber nicht geben kann, da diese Maßnahmen seine Kompetenzen übersteigen.

Der Verkäufer bringt also ein „zweites Gesicht“ ins Spiel. Das ist die letzte Möglichkeit, das Verkaufsgespräch zu einem positiven Abschluss zu bringen. Zusätzlich zum Verkäufer kommt nun eine weitere Person, meistens der direkte Vorgesetzte, hinzu, um einen Rabatt oder eine kostenlose Serviceleistung anzubieten. Das „zweite Gesicht“ bedarf jedoch einiger Voraussetzungen, um wirkungsvoll eingreifen zu können. Die einzelnen Verkaufsphasen hat der Verkäufer bereits durchlaufen und es handelt sich um die richtige Ware zum ungefähr richtigen Preis. Bestanden andere Einwände, so sind diese im Vorfeld bereits zur Zufriedenheit des Kunden gelöst. Ein zweiter Abschlussversuch wurde vom Verkäufer bereits durchgeführt, aber der Kunde kann sich aus irgendeinem Grund nicht entscheiden.

Steht der Preis im Zentrum des Einwands, muss man taktisch vorgehen. Der Preis, den der Verkäufer als persönliche Schmerzgrenze bis zu diesem Zeitpunkt dem Kunden offeriert hat, darf nicht ohne Weiteres aufgeweicht werden. Das „zweite Gesicht“ sollte also nicht direkt eine Preisreduzierung anbieten, sondern zunächst den Preis des Verkäufers verteidigen. Wenn der Kunde merkt, dass dies nicht die Preisuntergrenze ist, die der Verkäufer bestimmen konnte, fühlt er sich nicht ernst genommen und es droht das Scheitern des Verkaufsgesprächs. Das „zweite Gesicht“ verdeutlicht dem Kunden zunächst, dass eigentlich kein Preisspielraum mehr besteht und er sich sehr schwer tut noch etwas Nachlass zu gewähren. Manchmal helfen auch ein Blick zum Verkäufer mit ernster Miene und ein leichtes Kopfschütteln, um der Problematik der Situation Ausdruck zu verleihen.

Die Akzeptanz und die Glaubwürdigkeit des „zweiten Gesichts“ spielen hierbei eine wichtige Rolle. Der Verkäufer sollte dem „zweiten Gesicht“, vor dessen Erscheinen, einige Informationen über den Kunden und den bisherigen Ablauf des Verkaufsgesprächs zukommen lassen. Hierzu zählen u. a.:

- Name des Kunden
- Woher kommt er?
- Stammkunde oder Neukunde?
- Grund seines Besuches, wenn möglich Hobbys
- Welcher Preis steht aktuell in der Diskussion?
- Ist noch Luft in der Kalkulation?
- Gefühl des Verkäufers hinsichtlich des möglichen Abschlusses

Die Kommunikation und Abstimmung zwischen dem Verkäufer und dem „zweitem Gesicht“ muss schnell und reibungslos erfolgen. Zu diesem Zweck verlässt der Verkäufer seinen derzeitigen Platz, bleibt aber noch in Sichtweite des Kunden und telefoniert mit dem „zweiten Gesicht“. Während des Telefonats werden die notwendigen Informationen übermittelt. Der weitere Ablauf sollte wie folgt sein:

1. Das „zweite Gesicht“ stellt sich vor.
2. Das „zweite Gesicht“ verliert ein paar Sätze über den Grund des Kaufs oder die Hobbys des Käufers.

3. Das „zweite Gesicht“ preist den Verkäufer an: „Sie haben hier meinen besten Mann, ich kann mir überhaupt nicht vorstellen, dass es irgendwelche Probleme gibt.“
4. Das „zweite Gesicht“ ist über den Preis sehr erstaunt.
5. Der Blick geht zum Verkäufer „Hast du den Preis gemacht? Dir ist schon klar, dass dies fast unser Einkaufspreis ist ...?“
6. Das „zweite Gesicht“ lenkt ein „Na gut, weil Sie jetzt so lange bei uns sind und ... mache ich Ihnen folgenden Vorschlag...“

i

- Warum funktioniert das „zweite Gesicht“? Das „zweite Gesicht“ bestätigt das Angebot (Farbe, Qualität etc.) somit fühlt sich der Kunde sicher in seiner Kaufentscheidung.
- Der Kunde empfindet eine Aufwertung seiner Person, weil sich der „Chef persönlich“ um ihn kümmert. Das „zweite Gesicht“ wird ernst genommen, da er Vorgesetzter ist. Menschen respektieren und akzeptieren Führungspersonen.
- Das „zweite Gesicht“ baut eine weitere Beziehung zum Kunden auf und es fällt diesem noch schwerer „Nein“ zu sagen
- Es wertet den Berater auf und der Kunde hat das Gefühl, den besten Verkäufer bekommen zu haben.

Sollte der erneute Versuch eines Abschlusses durch das „zweite Gesicht“ auch nicht zum Erfolg führen, ist ein diskreter Rückzug die logische Variante. Ein weiterer Versuch würde nur den Eindruck erwecken, den Kunden unter Druck setzen zu wollen, was einen Imageschaden für das Unternehmen bedeuten würde.

Der Verkäufer hat die Adresse des Kunden und ruft ihn innerhalb der nächsten drei Tage wieder an – nicht am gleichen Tag. Geben Sie dem Kunden die Chance, ein bis zwei Nächte darüber zu schlafen und bietet ihm dann noch ein zusätzliches „Bonbon“, d. h. einen weiteren kleinen Nachlass oder eine zusätzliche Serviceleistung an. Gelingt dem Verkäufer nach diesen drei Tagen immer noch kein Abschluss, ist der Kunde verloren.

Dann heißt die Devise: „Der nächste Kunde kauft bestimmt“.

5.9 Fünftes Gebot

Verkaufsgespräche laufen in Phasen ab. Prägen sie sich die einzelnen Phasen genau ein. Besonders wichtig für den Erfolg Ihres Verkaufsgesprächs sind die Sympathie- und die Einwandphase.

In den ersten fünf Kapiteln wurden die Grundelemente des erfolgreichen Verkaufens ausführlich beschrieben. Angefangen von den Basics über die Bedeutung der Kommunikation, im verbalen und nonverbalen Sinne, bis hin zu den einzelnen Verkaufsphasen für ein erfolgreiches Verkaufsgespräch.

Der zweite Teil dieses Buches widmet sich den Abläufen vor, während und nach einem erfolgreichen Verkaufsgespräch, genauer gesagt, der Kundenorientierung, dem Reklamationsmanagement, der optimalen Verkaufsbereitschaft sowie der Rolle des Mitarbeiters und der Führungskraft im Sinne einer kundenorientierten Unternehmensführung.

6. Kapitel

6

Kundenorientierung auf höchstem Niveau

Ein Kunde, der ein Geschäft betritt, erwartet in der Regel einen sauberen Verkaufsraum mit ansprechender Gestaltung, freundliche und kompetente Mitarbeiter und ausgezeichnete Qualität bei den Produkten und Dienstleistungen.

Um Kundenwünsche richtig zu erfassen, müssen alle Mitarbeiter eines Unternehmens lernen, aus Sicht des Kunden zu denken und zu handeln. Kundenorientierung im Unternehmen zu praktizieren heißt, den Kunden absolut in den Mittelpunkt zu stellen. Ausgangspunkt sind die Bedürfnisse, Anliegen und Wünsche des Kunden. Erst dann werden die Produkte und Dienstleistungen entwickelt, um die Kundenerwartungen zu erfüllen oder sogar zu übertreffen. Das heute noch gültige Marketing-Konzept, das bereits Mitte der 80er Jahre entstand, orientiert sich an den Wünschen und Erwartungen des Kunden. Dieses Marketing-Konzept sieht vor, dass zunächst der Kundenwunsch im Mittelpunkt steht und anschließend die verschiedenen Marketinginstrumente so angewandt werden, um schlussendlich den Kunden vom Kauf des Produktes oder der Inanspruchnahme der Dienstleistung zu überzeugen. Die einzelnen Marketinginstrumente stammen aus dem klassischen Marketing-Mix: Produkt-, Preis-, Kommunikations- und Distributionspolitik.

Kundenorientierte Unternehmen richten ihren Fokus nicht nur auf die eigenen Produkte und Dienstleistungen, sondern stellen das Interesse des Kunden in den Mittelpunkt.

Doch Kundenorientierung in der Praxis ist mehr, Kundenorientierung ist das bewusste, geplante und permanente Kümmern um den Kunden – vorher, während und vor allem nach erfolgreichem Abschluss des Verkaufsgesprächs.

Bereits Garry Comer, Gründer der Firma Lands´ End hat es auf den Punkt gebracht:

„Don`t worry about what is the best for the company. Worry about what is the best for the customer“.

[*Kümmere Dich nicht darum, was das Beste für das Unternehmen ist, kümmere Dich darum, was das Beste für den Kunden ist.*]

Bei allem Verständnis für Wachstumsstrategien und die Ausweitung bestehender und die Erschließung neuer Märkte, es ist wichtig, die derzeitigen Kunden an das Unternehmen zu binden. Dies gilt insbesondere für stagnierende Märkte.

„Der ist teurer. Warum, weiß ich auch nicht."

Als Verkaufscoach benötige ich ein Multifunktionsgerät, das scannen, kopieren, faxen und drucken kann. Nachdem mein altes Gerät über mehrere Jahre seine Dienste bestens verrichtet hatte, schlichen sich nach und nach Funktionsfehler ein und ich entschloss ein neues Gerät zu erwerben.

Mein Weg führte mich in einen Elektro-Fachmarkt. Ich zähle zu den Kunden, die sich zunächst selbst informieren und sich erst wenn diese Bemühung erfolglos sind, auf die Suche nach einem Mitarbeiter macht. So stand ich vor einer Präsentationswand mehrerer Multifunktionsgeräte und durchforstete die unterschiedlichen Angebote. Mir fielen zwei Geräte auf, die, bis auf den Preis, gleiche Funktionen aufwiesen. Das eine Gerät kostete 99,00 € und das andere 119,00 €. Die Plakate hatten die Größe eines Flip Charts und der Preis nahm gut die Hälfte dieses Plakates ein, also wirklich mehr als deutlich lesbar. Da mir der qualitative Unterschied nicht ersichtlich war, suchte ich nach einem Verkäufer.

In einiger Entfernung erblickte ich einen Mitarbeiter, der gerade dabei war einen Drucker zu reparieren. Ich ging in seine Richtung und hatte instinktiv den Eindruck, dass er keine Lust hatte, sich mit mir zu beschäftigen. Unterstützt wurde der Eindruck durch die Tatsache, dass er kurz aufblickte, mich sah und sich wieder der Reparatur des Druckers zuwandte.

Ich sprach den Verkäufer an, der mich jedoch zu Beginn meiner Frage keines Blickes würdigte, geschweige denn grüßte. „Entschuldigen Sie bitte, ich interessiere mich für ein Multifunktionsgerät, kann aber den Unterschied zwischen den beiden Geräten dort hinten nicht erkennen. Können Sie mir erklären worin sich die beiden Multifunktionsgeräte unterscheiden?“ (Ein Absurdum – ein Kunde mit Kaufabsicht entschuldigt sich bei demjenigen, der für das Verkaufen zuständig ist!)

Was glauben Sie, welche Antwort ich erhielt? Die kurze und knappe Mitteilung des Verkäufers lautete: „Der Preis!“

Verärgert erwiderte ich: „Ehrlich, der Preis? Na da bin ja froh, dass ich Sie getroffen habe. Ansonsten wäre ich jetzt eine halbe Stunde vor dem Plakat stehen geblieben, bevor ich den Unterschied festgestellt hätte.“ Der Verkäufer merkte, dass mir seine Antwort missfiel und wandte sich mir zu. Gemeinsam gingen wir schweigend zu den Multifunktionsgeräten und er teilte mir nach kurzer Bedenkzeit mit, dass er nicht wüsste, was der Unterschied sei, aber seinen Vorgesetzten holen würde.

Kurze Zeit später schritt der Abteilungsleiter wortlos an mir vorbei und gemeinsam standen beide vor dem Aufbau der Multifunktionsgeräte. Sie sprachen eine Weile miteinander, dann drehte sich der Vorgesetzte um und ging, erneut ohne zu grüßen, an mir vorüber. Der Mitarbeiter erklärte mir daraufhin, dass der Grund für die unterschiedlichen Preise die unterschiedlichen Hersteller seien. Er nickte freundlich und wendete sich wieder seinem Drucker zu. Ich nickte ebenfalls freundlich und ging zum Ausgang.

Was lief hier schief?

- ☐ Der Verkäufer ist sich keiner Schuld an der vertrackten Situation bewusst.
- ☐ Der Verkäufer wusste nicht auf Anhieb worin der Unterschied der beiden Multifunktionsgeräte bestand.
- ☐ Es fehlte die freundliche Begrüßung.
- ☐ Die Führungskraft hätte das Problem lösen müssen.

Kundenorientierung sieht sicherlich anders aus. Das gravierende an dieser Situation ist nicht die fehlende Hilfsbereitschaft des Verkäufers, sondern eher die Tatsache, dass er sich keiner Schuld bewusst ist, woher auch?

Anhand der Reaktion der Führungskraft war klar zu erkennen, dass sich der Mitarbeiter aus seiner Sicht richtig verhalten hatte.

Schließlich hatte sich auch der Vorgesetzte sehr kundenunfreundlich verhalten. Wie so oft: Der Fisch stinkt vom Kopf her. Der Verkäufer hätte lediglich auf mich zukommen müssen, als er merkte, dass es ein Verständnisproblem gab. Weiterhin hätte ich mir Ernsthaftigkeit hinsichtlich meines Problems gewünscht und gehofft, dass man sich umgehend um die Lösung meiner Frage kümmert. Es wäre nicht viel Engagement von Nöten gewesen, um mich zufriedenzustellen und dafür zu sorgen, dass ich ein Multifunktionsgerät kaufe, aber anscheinend sah der Verkäufer dies nicht als seine vordringliche Aufgabe an.

6.1 Der Kunde ist König, aber ...

Viele Unternehmen glauben, die Bedürfnisse ihrer Kunden genau zu kennen und machen sich daher nicht die Mühe festzustellen, was ihre Kunden wirklich wollen. Es wird viel Geld für Hochglanzprospekte, ganzseitige Anzeigen und umfangreiche Werbekampagnen ausgegeben, anstatt sich intensiv mit den Wünschen der Kunden auseinanderzusetzen.

Kundenorientierung wird zwar als unternehmerisches Konzept gefordert, aber nicht immer im Sinne des Kunden umgesetzt. Unternehmen schmücken sich mit Slogans und Leitsätzen wie „Bei uns ist der Kunde König“ oder „Der Kunde steht bei uns im Zentrum aller Bemühungen“ – doch ist das wirklich so?

Lassen sich diese Sätze vielleicht ergänzen?

„Bei uns ist der Kunde König, *aber die Monarchie existiert nicht mehr.*“, oder „Der Kunde steht bei uns im Zentrum aller Bemühungen *und blockiert damit den Weg für alle anderen Abläufe.*“

Fast alle Firmen werben mit einer ausgeprägten Kundenorientierung, weil es „in“ ist, wissen aber eigentlich nicht, was Kundenorientierung im täglichen Umgang mit dem Kunden bedeutet.

Viel beworben – selten umgesetzt

Nicht immer stimmen die Vorstellungen und Erwartungen über Kundenorientierung von Kunden und Unternehmen überein. Viele Unternehmen glauben zu wissen, was Kundenorientierung bedeutet, ignorieren aber die Hinweise der Kunden. Kundenorientierung ist nicht ausschließlich Aufgabe des Vertriebs, sondern betrifft auch alle anderen Bereichen des Unternehmens.

Die Japaner bezeichnen alle Maßnahmen und Gedanken, die nicht zur Kundenzufriedenheit führen, als Verschwendung (Muda) und stellen damit die Orientierung an den Wünschen und Erwartungen der Kunden in den Vordergrund. Was Kunden wirklich wollen und was sie stört, wird im nächsten Abschnitt erläutert.

6.2 Was Kunden erwarten und was sie stört

Die Frage, was der Kunde will, beschäftigt Unternehmen schon hunderte von Jahren. Was will der Kunde? Wie denkt er? Was leitet ihn? Warum entscheidet er sich so und nicht anders? Wie lässt er sich beeinflussen und lässt er sich überhaupt beeinflussen?

Richtungsweisend für ein Unternehmen ist die Denkweise des Kunden – „Behandeln Sie den Kunden so, wie Sie behandelt werden wollen." Dieser Satz trifft den Inhalt und die Bedeutung des Wortes Kundenorientierung am besten. Das Wort Kundenorientierung ist sehr eng mit dem Begriff Kundenzufriedenheit verbunden, denn genau diese Kundenzufriedenheit ist es, die der Kunde am Ende der Wertschöpfungskette vom Unternehmen erwartet.

Männer und Frauen haben zwar, biologisch gesehen, dieselben Vorfahren, sind aber meist völlig unterschiedliche Kundentypen. Während Frauen beim Kauf von Bedarfsgütern des täglichen Gebrauchs eher sparsam vorgehen, steigert sich die Kauflust, wenn es um Luxusgüter geht.[6]

---

6 Siehe Fischl/Fischer, *Erfolgreich in der Gastronomie*, Vahlen, 2012.

i **Was der Kunde will**

Zuverlässigkeit – Vertrauen – Lösungen – Motivation – Leistungsbereitschaft – Zufriedenheit – Pünktlichkeit – Höflichkeit – Ehrlichkeit – Hilfsbereitschaft – Partnerschaft – Freundlichkeit – erstklassige Leistung – Problemlöser – Schnelligkeit – Offenheit – Identifikation – Kontrolle – Vertragstreue – Sicherheit – Wertarbeit – effizientes Handeln – Ruhe – Qualität – Präzision – optimales Preis-Leistungsverhältnis – Anerkennung – Zusammenarbeit – Verständigung – offene Kommunikation – Informationsaustausch etc.

In dieser Aufzählung sind fast ausschließlich serviceorientierte Komponenten aufgeführt. Dies lässt die Schlussfolgerung zu, dass Kundenorientierung von verhaltens- und serviceorientierten Begriffen dominiert wird.

Kundenorientierung richtet sich nach den Wünschen des Kunden und nicht nach den Wünschen oder Vorstellungen des Unternehmens.

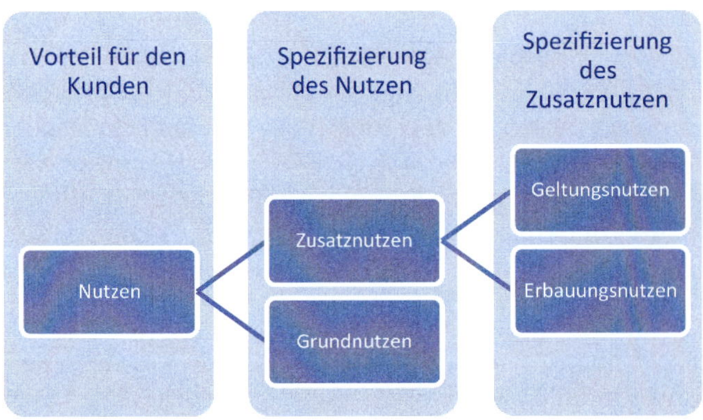

Nutzenspezifizierung

Der Kunde erwartet einen Nutzen aus dem von ihm erworbenen Produkt oder an der von ihm in Anspruch genommenen Dienstleistung. Dieser Nutzen lässt sich in einen Grund- und einen Zusatznutzen unterteilen. Der Grundnutzen symbolisiert eine zwingend notwendige Eigenschaft des Produktes, welche der Kunde voraussetzt, wie beispielsweise die Fahreigenschaft eines Autos. Der Zusatznutzen teilt sich in einen Geltungsnutzen und einen Erbauungsnutzen auf. Der erstgenannte Geltungsnutzen bezieht sich auf die Marke und das Statussymbol des Produktes, wohingegen der Erbauungsnutzen die persönliche Komponente symbolisiert – „weil es mir gefällt".

Das ständige Erfüllen von Kundenerwartungen führt zu Kundenzufriedenheit, die jedoch subjektiv und bei jedem Kunden unterschiedlich ausgeprägt ist. Die Kundenzufriedenheit ist für Unternehmen von großer Bedeutung, da Kundenzufriedenheit zu Kundenbindung führen kann. Deshalb ist eine bestmögliche Kundenorientierung für Unternehmen sehr wichtig, um die Kundenerwartung ermitteln zu können und sie so zu erfüllen.

Zufrieden ist ein Kunde, wenn der erwartete Kundennutzen mit dem empfundenen, erhofften Kundennutzen übereinstimmt. Ist dies nicht der Fall, d. h. erfüllt ein Unternehmen die Anforderungen an den Grundnutzen nicht, äußert sich dies in Form von Unzufriedenheit.

Um den Kunden nicht zu verärgern, ist es hilfreich zu überlegen, was ihn eigentlich stört. Meist sind Kleinigkeiten der Auslöser dafür, dass sich positive Eindrücke in negative wandeln.

Zu den bekanntesten Faktoren, die den Kunden stören, zählen:

Was den Kunden stört

Fehlleistungen des Unternehmens – fehlende Zuverlässigkeit – fehlendes Vertrauen – Telefonhotlines, die nicht oder nur schwer erreichbar sind – mangelhafte Qualität – Nichteinhalten von Terminen – unhöfliche Mitarbeiter – Enttäuschung – Geringschätzung des Kunden – fehlende Qualifikation der Mitarbeiter – zu lange Wartezeiten etc.

Unzufriedenheit entsteht auch, wenn Erwartungen oder Kundenwünsche nicht erfüllt werden, obwohl diese im gleichen Unternehmen, von einem anderen Verkäufer bereits einmal gewährt oder realisiert wurden. Wird die individuelle „Schmerzgrenze" überschritten, entstehen Enttäuschung und Einkaufsfrust.

Jeder kennt das Problem, wenn an den Kassen die Schlange mal wieder etwas länger ist und nur wenige Kassen geöffnet sind. Hier bildet das subjektive Empfinden die Basis für einen negativen Eindruck. Für den einen Kunden ist die Toleranz der Wartezeit überschritten, für den anderen nicht.

Kundenunzufriedenheit leitet sich aus Ex-post-Beurteilungen ab, denen mindestens ein Erlebnis zugrunde liegt. Ein größeres Augenmerk der Unternehmen auf den Kunden und nicht ausschließlich auf das angebotene Produkt oder die angebotene Dienstleistung, führt automatisch zu einer höheren Kundenzufriedenheit und damit zu einer effektiven Kundenorientierung. Grundsätzlich muss gelten: Das eine verstärken (Kundenorientierung), ohne das andere zu lassen (Weiterentwicklung der eigenen Produkte oder der Dienstleistungen).

6.3 Der Kunde kommt zurück, das Produkt nicht

Bei kundenorientierten Unternehmen richten sich alle Entscheidungen an den Bedürfnissen und Interessen der Kunden aus. Kundenorientierte Handlungen sind so strukturiert, dass der für den Kunden größtmögliche Nutzen im Vordergrund steht. Die Erwartungen des Kunden werden erfüllt.

Der Erfolg eines Unternehmens wird von zwei Faktoren bestimmt: vom Kunden und vom Produkt oder der Dienstleistung, die ein Unternehmen anbietet. Produkte oder Dienstleistungen sind austauschbar, die Bemühungen um den Kunden nicht. Die Einzigartigkeit, wie sich ein Unternehmen um den Kunden so individuell wie möglich kümmert und seine Wünsche so gut wie möglich realisiert, unterscheidet gute von sehr guten Unternehmen.

Die Situation auf den Märkten wird durch Wettbewerbs- und Preisdruck immer schwieriger. Ebenso sind die meisten Produkte fast überall erhältlich. Der Kunde hat also direkte Vergleichsmöglichkeiten. Neben dem Wettbewerbsverhalten hat sich auch das Konsumentenverhalten durch höhere Sensibilität und gesteigertes Anspruchsdenken verändert. Kunden legen mehr Wert auf die Qualität der Produkte und Dienstleistungen und auch auf ihre eigene Gesundheitsvorsorge.

Bekannte Unternehmensberater haben schon vor geraumer Zeit erkannt, dass eine Konzentration auf den Kunden die effektivste Methode zur Kundenorientierung ist.

„Wenn Sie sich um den Kunden kümmern, kommt er zurück; das Produkt oder die Dienstleistung nicht.“

Richard Whiteley US-Unternehmensberater

Der Erfolg eines Unternehmens ist heutzutage nicht mehr durch das Produkt oder die Dienstleistung allein zu erzielen, sondern hängt stark von der Zufriedenheit des Kunden ab, denn der Kunde kommt zurück, das Produkt nicht.

Viele Unternehmen haben die Notwendigkeit der spezifischen Kundenorientierung erkannt und haben eigene Kundenmanager oder ganze Abteilungen, die sich mit dem Thema „Kunde“ beschäftigen – das sogenannte Customer Relationship Management.

6.4 Customer Relationship Management

Das Customer Relationship Management, kurz CRM, hat den Kundenbeziehungsprozess zum Inhalt. In diesem Beziehungsgeflecht werden Informationen sowohl vom Kunden auf das Unternehmen als auch vom Unternehmen auf den Kunden übertragen. Kundengewinnung und Kundenbindung sind die Hauptaufgaben des CRM, wobei die Kundengewinnung durch gezielte Maßnahmen, beispielsweise das „Direct Marketing“ unterstützt wird. Kundenbindung bedeutet häufige Kontaktaufnahme zum Kunden, etwa mittels eines jährlichen Geburtstagsgutscheins.

CRM muss langfristig ausgerichtet sein und hat eine große Auswirkung auf alle Prozesse, die mit den Kunden in Verbindung stehen. Der strategische Ansatz von Customer-Relationship-Management beruht auf der Tatsache, den Kunden in den Mittelpunkt der gesamten Wertschöpfungskette zu stellen und weniger das Produkt oder die Dienstleistung. Customer Relationship Management ist dann gefordert, wenn der Kunde mit dem verkauften Produkt oder der in Anspruch genommenen Dienstleistung nicht zurechtkommt. Diese Optimierung des Kunden-/Unternehmensverhältnisses ist bei technischen Geräten oder einer technischen Dienstleistung unumgänglich.

Ziele des Customer Relationship Managements sind:

- Analyse des Kaufverhaltens, um Trends und Veränderungen im Konsumentenverhalten zu erkennen
- Verbesserung der Kundenorientierung in allen Bereichen durch individuelle Berücksichtigung der Bedürfnisse der Kunden
- Steigerung der Kundenzufriedenheit durch den personalisierten Einsatz der Marketing-Mix-Instrumente (Produkt, Preis, Kommunikation und Distribution)
- Verbesserung der Kundenbeziehungen durch direkte Kontaktaufnahme zum Kunden
- Nachhaltigkeit der Kundenbeziehungen
- genaue und effiziente Kundenbetreuung
- Wettbewerbsvorteile durch effektives Kundenmanagement

- Kostensenkung durch zentrale Datenerfassung, auf die alle Bereiche zugreifen können

Customer Relationship Management auf höchstem Niveau bedeutet auch, die Namen aller Schlüsselkunden (Key Accounts) zu kennen. Dieses Wissen ist manchmal wichtiger, als das reine Fachwissen, da es die Tür zum persönlichen Kontakt öffnet. Stellen Sie sich vor, Sie werden als Kunde in einem Geschäft mit Ihrem Namen begrüßt und man erkundigt sich beispielsweise nach dem Wohlbefinden Ihrer Kinder Max und Moritz. Dies hat einen ganz anderen Charme als eine neutrale Begrüßung.

Im Rahmen des Customer Relationship Management werden sämtliche Informationen über Kunden erfasst und archiviert, um zielgruppenspezifisches Marketing zu ermöglichen.

Die gesammelten Daten werden allen Unternehmensbereichen zur Verfügung gestellt, um Kostenersparnisse und weitere Synergien zu erzielen. Betroffen sind in der Regel die Bereiche Marketing, Vertrieb und Service, aber auch Forschung & Entwicklung und Personal.

Insgesamt lassen sich drei Phasen der Kundenorientierung unterscheiden, in denen Erwartungen erfüllt oder vielleicht sogar übertroffen werden können.

- Pre-Sale-Service
- At-Sale-Service
- After-Sale-Service

Mit diesem Phänomen beschäftigt sich das nächste Kapitel.

6.5 Pre Sale – At Sale – After Sale

6.5.1 Pre-Sale-Service

Die erste Phase („pre“ = vor) beschäftigt sich mit den Verhaltensweisen von Käufer und Verkäufer vor dem Kauf. Der Käufer sondiert im Vorfeld des Verkaufsgesprächs seine Bedürfnisse und Erwartungen, um zu erkennen, ob das Unternehmen den Anforderungen gerecht wird. Aktivitäten in der Pre-Sale-Phase auf Anbieterseite sind u. a. Dienstleistungen oder Serviceleistungen, die dem Kunden zur Verfügung gestellt werden. Diese sollen ihn, vor allem bei der Wahl der

Einkaufsstätte, positiv beeinflussen. Hierbei handelt es sich beispielsweise um kostenlose Parkplätze oder verlängerte Öffnungszeiten.

Der Verkäufer steckt in der Pre-Sale-Phase den Rahmen ab, um dem Kunden das für ihn optimale Produkt anbieten zu können.

Bereits in der Pre-Sale-Phase spielen Außendarstellung, Image und angebotene Serviceleistungen eine große Rolle. Kunden erwarten gute Qualität und eine freundliche, einladende Atmosphäre – beides sind Grundbedürfnisse innerhalb eines anstehenden Verkaufsgesprächs. Für den ersten Eindruck gibt es keine zweite Chance. Die Pre-Sale-Phase übernimmt die Weiterleitung von Informationen vom Unternehmen an den Kunden und stellt gemeinsam mit der Begrüßung den Start in die einzelnen Verkaufsphasen dar. Die anschließende At-Sale-Phase umfasst die Kundenbedienung und den eigentlichen Verkauf.

6.5.2 At-Sale-Service

In dieser Phase muss der Verkäufer dem Kunden die beste Leistung anbieten. Dies bezieht sich sowohl auf die Ware als auch auf das eigene Verhalten. Es empfiehlt sich, am Ende des Verkaufsgesprächs einige Zusatzleistungen anzubieten, die den Kunden positiv überraschen. Ansonsten gelten die Klassiker aus den vorangegangenen Kapiteln, wie Freundlichkeit, Schnelligkeit, Hilfsbereitschaft, Fachkompetenz etc.

6.5.3 After-Sale-Service

Für viele Mitarbeiter im Verkauf ist nach dem Vertragsabschluss oder dem Bezahlen der Ware der Kundenvorgang abgeschlossen. Dies kann jedoch nicht im Sinne des Unternehmens sein, da gerade im beratungsintensiven Bereich eine Fülle von Chancen im After-Sale-Service liegt. Besonders deutlich wird dieses Phänomen bei Verkäufern, die auf Provisionsbasis angestellt sind. Da im After-Sale-Service keine direkten Provisionen winken, werden die Aktivitäten auf den klassischen Verkauf ausgerichtet. Diese kurzsichtige Denkweise führt dazu, dass mögliche Potenziale für spätere Stammkunden übersehen werden.

Im Werben um den Kunden reichen Standards bei Weitem nicht aus. Wer sich durch die konsequente Bearbeitung des After-Sale-Service vom Wettbewerb abhebt, wird im harten Konkurrenzkampf um Marktanteile als Gewinner hervorgehen.

Die Ziele des After-Sale-Service können vielseitig sein:

- Die Kunden sollen in ihren Kaufentscheidungen bestätigt werden, um Wiederholungs- und Zusatzkäufe zu generieren.
- Wichtige Informationen über Verbesserungen der eigenen Produkte oder Dienstleistungen sollen anhand intensiver Kundenkontakte an das Unternehmen weitergegeben werden.
- Steigerung der Kundenbindung und der Kundenzufriedenheit durch nachhaltige Betreuung der Kunden.

Um diese Ziele erreichen zu können, müssen die richtigen Marketingmaßnahmen eingeleitet und umgesetzt werden.

Erfolgreiche After-Sale-Marketing-Maßnahmen sind u. a.:

- kleine Geschenke oder Aufmerksamkeiten zu besonderen Anlässen
- telefonische Nachbetreuung zur Zufriedenheitsmessung mit Signalwirkung: „Lieber Kunde, Ihr Wohlergehen liegt uns am Herzen."
- „10% auf den Artikel Ihrer Wahl!" – Der Kunde bestimmt, welchen Artikel er gerne hätte.
- „VIP-Einladungen" – Der Kunde erhält zwei bis drei Mal pro Jahr eine Einladung als VIP-Kunde. Er fühlt sich damit privilegiert und wird die Einladung, eventuell versüßt mit einem Gutschein, dankend annehmen.
- „Geburtstagsgutscheine" – Jeder Kunde erhält pünktlich zu seinem Geburtstag einen Gutschein.

Lassen Sie uns Kundenbindungsmaßnahmen mit besonderer Wirkung genauer unter die Lupe nehmen:

Kundengeschenke – zwei Alternativen

„10% auf einen Artikel Ihrer Wahl" impliziert, dass der Kunde sich den Artikel selbst aussuchen kann. Nicht die kostengünstige Massenware wird dem Kunden geschenkt, sondern der mündige Kunde darf selbst wählen.

1. In vielen Unternehmen werden Geschenke als kleine „Giveaways" ausgegeben, um dem Kunden seine Wichtigkeit und seine Bedeutung

für das Unternehmen zu signalisieren. Die Klassiker in diesem Bereich sind Kugelschreiber, Kartenspiele, Einkaufschips als Schlüsselanhänger oder andere „kreative" Artikel. Diese Geschenke werden kostengünstig eingekauft und als kleines Dankeschön an die Kunden verteilt.

Überlegen Sie selbst, wie viele unterschiedliche Stifte, von wie vielen verschiedenen Unternehmen Sie zu Hause haben oder wie viele unterschiedliche Schlüsselanhänger mit Einkaufschip in Ihrem Besitz sind und dann fragen Sie sich einmal, welche dieser Produkte Sie tatsächlich nutzen.

2. Hat der Kunde die Möglichkeit, sich den Artikel selbst auszusuchen, freut er sich nicht nur darüber frei wählen zu dürfen, er empfindet dies auch als Wertschätzung. Natürlich besteht das Risiko, dass der Kunde einen Artikel wählt, der mit einer niedrigen oder überhaupt keiner Marge kalkuliert ist, was möglicherweise gleichzusetzen ist mit einem Verlust von maximal 10%. Die Frage die Sie sich jedoch dabei immer stellen sollten, lautet: „Ist Ihnen der treue Kunde, dem Sie damit eine Freude bereitet haben, das nicht wert?"

Das richtige Timing

Warum versenden Sie jedes Jahr zu Weihnachten Geschenke an gute Kunden?

Die Kunden erhalten in der Regel nicht nur von Ihnen ein kleines Dankeschön, sondern auch von anderen Partnern und Geschäftsfreunden. Woher wissen Sie, dass der Kunde im Weihnachtsstress Ihr Geschenk zu schätzen weiß oder sich noch bewusst ist, was er von Ihnen bekommen hat? Mit hoher Wahrscheinlichkeit geht ihr Präsent in der Fülle der Zuwendungen unter oder wird nicht entsprechend gewürdigt. Viele Weihnachtspräsente können nicht mehr zugeordnet werden und landen auf der jährlichen Tombola beim Betriebsfest.

Wie wäre es mit einer Alternative? Schenken Sie Ihrem treuen Kunden dann etwas, wenn er nicht damit rechnet. Bedanken Sie sich vielleicht im Frühling für die gute Zusammenarbeit des abgelaufenen Geschäftsjahres. Sie erzielen damit eine deutlich höhere Aufmerksamkeit und bleiben mit hoher Wahrscheinlichkeit positiv im Gedächtnis. Viele Unternehmen scheuen den Bruch mit alten Gewohnheiten, weil sie eine negative Reaktion des Kunden befürchten.

6.6 Kundenorientierung, →-zufriedenheit, →-bindung

Entscheidend ist nicht die Definition des Begriffes Kundenorientierung aus Sicht des Unternehmens, sondern die Auslegung des Kunden, also was dieser unter Kundenorientierung versteht. Gelingt es, echte Kundenorientierung zu leben, ist der Weg zur Kundenzufriedenheit und damit die Möglichkeit zur langfristigen Kundenbindung geebnet. Unternehmen müssen sich darüber im Klaren sein, dass der Kunde Qualität und Service definiert und nicht das Unternehmen.

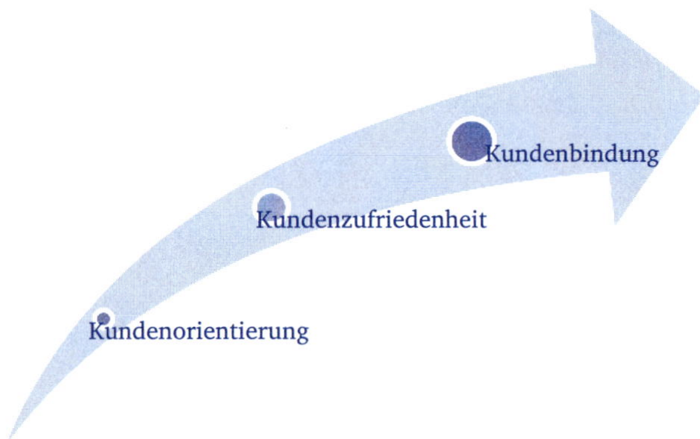

Zusammenhang zwischen Kundenorientierung, Kundenzufriedenheit und Kundenbindung

Unbestritten besteht ein kausaler Zusammenhang zwischen Kundenorientierung, Kundenzufriedenheit und Kundenbindung. Der Übergang zwischen den einzelnen Phasen ist fließend und nur eine ausgeprägte Kundenbindung sichert regelmäßige Umsätze und Erträge für das Unternehmen.

Kundenorientierung

Kundenorientierungsmaßnahmen bilden die Grundlage, um Kundenzufriedenheit zu erreichen. Die Zufriedenheit des Kunden ist ein Schlüssel zum Erfolg. Der Kunde ist nicht vom Unternehmen abhängig, aber das Unternehmen vom Kunden. Nur zufriedene Kunden werden zu Stammkunden und sichern die Existenz des Unternehmens.

Kundenzufriedenheit

Kundenzufriedenheit ist das Verhältnis zwischen den Kundenerwartungen vor dem Kauf und der Realisierung seiner Erwartungen danach. Werden diese Erwartungen nicht erfüllt, ist der Kunde enttäuscht und hat einen negativen Eindruck von dem Unternehmen. Man spricht dann von einem sogenannten Diskonfirmations-Paradigma. Hierbei spielt es auch keine Rolle, ob das Unternehmen die Nichtrealisierung der Erwartungen zu verantworten hat oder nicht.

Werden die Erwartungen übertroffen, spricht man von einem positiven Diskonfirmations-Paradigma und einer Kundenbegeisterung, die sich in Form von Kundenbindung bzw. Kundenloyalität ausdrückt. Die Empfindungen und Erwartungen hinsichtlich seiner Zufriedenheit sind von Kunde zu Kunde sehr unterschiedlich. Somit spielen bei der Bewertung der Kundenzufriedenheit die subjektiven Einstellungen und Eindrücke des Kunden eine wegweisende Rolle.

Kundenzufriedenheit kann ein Weg zur Kundenbindung sein, muss aber nicht zwingend dazu führen. Auch zufriedene Kunden wandern ab. Der Kunde ist neugierig und möchte nach einer gewissen Zeit etwas Neues kennenlernen, wenn die subjektive Zufriedenheit als normal und eintönig empfunden wird. Der Kunde will begeistert werden. Gelingt es dem Unternehmen aus dem zufriedenen Kunden einen loyalen Kunden zu machen, ist wahre Kundenbindung vorhanden. Loyale Kunden sind Kunden, die dem Unternehmen eine emotionale Bindung entgegenbringen und sich auch von einigen wenigen unangenehmen Überraschungen nicht davon abbringen lassen, weiterhin in dem Unternehmen ihrer Präferenz einzukaufen.

Kundenbindung

Kundenbindung entwickelt sich nicht automatisch wenn die Erwartungen der Kunden erfüllt werden, sondern eher, wenn diese übertroffen werden. Gelebte Kundenorientierung im Unternehmen führt zu einer subjektiv empfundenen Kundenzufriedenheit, die wiederum, gepaart mit Kundenloyalität, die Basis zur Realisierung der Kundenbindung ist.

Voraussetzung für eine funktionierende Kundenbindung ist eine ausgeprägte Kundenorientierung, die permanenten optimiert werden sollte.

6.7 Kundenbindung und Social Media

Während in Zeiten boomender Wirtschaft der Focus auf Neukunden und „Akquise um jeden Preis“ liegt, besinnen sich Unternehmen in Zeiten knapper Budgets und Auftragsrückgängen wieder auf ihre Stammkunden und pflegen die Beziehung zu ihnen. Diese Anstrengungen wären alle nicht nötig, wenn die Kommunikationskanäle zu den Bestandskunden genutzt würden. Hinsichtlich der Kommunikation mit Kunde ergeben sich mit Social Media neue interessante Möglichkeiten. Warum nicht die neue Welt der Kommunikation für das eigene Unternehmen nutzen?

Nur wer Social Media als Form der unmittelbaren Kommunikation wahrnimmt, kann die Möglichkeiten der Kundenbindung über Facebook, Twitter, XING und Co ausschöpfen. Da die meisten Kunden sehr aktiv das Internet nutzen, sollten sich Unternehmen mit den sozialen Netzwerken auseinandersetzen.

Über fast alle Unternehmen wird in sozialen Medien kommuniziert, gepostet oder geurteilt, mit oder ohne deren Beteiligung. Durch die ständig wachsende Zahl der User können sich Unternehmen kaum noch den Möglichkeiten von sozialen Netzwerken verweigern. Social Media bietet eine ideale Plattform, um sich mit Kundenwünschen und Erwartungen auseinanderzusetzen. In vielen Geschäftsleitungen wird dem Thema „Social Media“ noch eine Menge Skepsis entgegengebracht, ganz nach dem Motto: „Bringt uns der Einsatz sozialer Netzwerke neue Kunden oder kostet er uns nur Geld?“ Sollte nicht eher das enorme Potenzial der neuen Kommunikationsmedien im Vordergrund stehen? Verstehen Unternehmen beispielsweise eine Facebook-Seite als reine PR, dann vernachlässigen sie sträflich, welches enorme Potenzial ihnen soziale Netzwerke bieten, um Kundenorientierung voranzutreiben und damit Kundenbindung zu fördern.

Früher bestanden Marketingkonzept darin, die Zielgruppen mit Massenkommunikationsmedien anzusprechen. So erreicht ein bundesweit ausgestrahlter Werbespot im Fernsehen viele Menschen und damit auch eine große Zahl von potenziellen Kunden. Jedoch handelt es sich auch um eine Einbahnstraßen-Kommunikation, da der Endverbraucher dem Werbenden nicht unmittelbar antworten kann.

Die meisten Kundenbindungsinstrumente basieren auf direkter Kommunikation mit dem Kunden und zwar in Form eines Dialoges und nicht eines Monologes. Genau hier setzen die sozialen Netzwerke an.

Mit der Einführung von Facebook, Twitter oder XING besteht nun die Möglichkeit sich nicht nur unmittelbar mit dem Kunden in Verbindung zu setzen, sondern auch ein direktes Feedback zu bekommen. Dies bedeutet, dass der Kunde seine Wünsche und Bedürfnisse direkt an den Anbieter weiterleiten kann und somit eine völlig neue Form der Kundenorientierung entsteht. Der Kunde ist nicht mehr passiv, sondern aktiv. Dazu müssen die Unternehmen ihn nur in die Kommunikation einbinden. Auf Plattformen wie Facebook oder XING treffen sich User mit gleichen Interessen, also potenzielle Kunden. Unternehmen können das Feedback ihrer Kunden kritisch analysieren und Verbesserungsvorschläge unmittelbar umsetzen. Damit generieren sie einen Mehrwert. Durch diese Art des Zusammenspiels mit dem Kunden lässt sich die Kundenbindung nachhaltig verbessern.

Eine weitere Form der Kundenbindung erfolgt über sogenannte „Blogs“, in denen dem Kunden zahlreiche Informationen zur Verfügung gestellt werden und er über eine Kommentarfunktion die Möglichkeit hat, auf diese Informationen zu antworten, sie zu bewerten und sich direkt mit dem Unternehmen in Verbindung zu setzen. Durch die Vielzahl der Möglichkeiten, beispielsweise der Vernetzung zu anderen Usern kristallisieren sich diese Web-Blogs zu idealen Instrumenten der Kundenkommunikation und damit zur Kundenbindung. Unternehmen die bloggen sind aktuell und werden auch im Internet besser gefunden.

Bezüglich des Einsatzes von Social-Media-Instrumenten ergeben sich für ein Unternehmen zahlreiche Chancen, aber auch manche Risiken. Einige sind im Folgenden aufgeführt.

Chancen und Risiken von Social Media

Chancen

- schneller Kontakt zum Kunden
- schnelles Feedback des Kunden
- auf Beschwerden kann unmittelbar reagiert werden
- direkte Berücksichtigung der Wünsche und Bedürfnisse des Kunden
- zufriedenen Kunden können schnell eine Weiterempfehlung abgeben
- keine einseitige Kommunikation

- steigende Transparenz des Unternehmens für den Kunden
- steigende Transparenz des Kunden für das Unternehmen
- ...

Risiken

- schneller Kontakt zum Kunden zwingt zum schnellen Handeln
- negative Bewertungen oder Empfehlungen der Kunden beeinflussen andere potenzielle Käufer
- schneller Image-Schaden möglich
- Masseneffekte sind kaum steuerbar
- fehlende Kontrolle der verfassten Beiträge
- ...

Ein klassisches Beispiel für die unmittelbare Umsetzung von Kundenwünschen und damit für exzellente Kundenbindung lieferte die Firma McDonalds Anfang 2011. Über Facebook wurde den Kunden die Möglichkeit geboten eigene Burger zu kreieren. Aus der Vielzahl der Anregungen wurden die besten Kreationen ausgewählt und der Kunde konnte aus der Anzahl der Offerten „seinen" Wunschburger auswählen. Die Vorschläge mit den meisten Stimmen wurden dann auch von McDonalds offiziell an der Ladentheke angeboten. Eine bessere und schnellere Umsetzung von Kundenorientierung ist fast nicht mehr möglich. Dieses Beispiel verdeutlicht, wie schnell und einfach es mit Social Media ist, auf Kundenwünsche einzugehen. Zusätzlich zu der Verbesserung der Kundenbindung wurden bei McDonalds teure Forschungs- und Entwicklungskosten eingespart.

Social Media bietet die Möglichkeit einer neuen Kundenkommunikation. Zufriedene Kunden bringen dem Unternehmen nicht nur zusätzlichen Umsatz, sie werben auch neue Kunden durch eine positive Beurteilung in den sozialen Netzwerken und das alles ohne, beziehungsweise gegen geringe Kosten. Neben dem zeitlichen Einsatz und der Bereitschaft die sozialen Netzwerke zu pflegen, wird dem Unternehmen ein Instrument an die Hand gegeben, mit dem die Kundenbindung optimiert werden kann.

6.8 So verbessern Sie Ihre Kundenorientierung

Unternehmen, die in allen Bereichen der Kundenorientierung der Beste sein wollen, werden in der Regel scheitern. Der Kunde hat den größten Nutzen, wenn das Unternehmen sich auf die eigenen Stärken konzentriert. Ziel muss es sein, in bestimmten Segmenten die Nummer 1 zu werden und damit ein Alleinstellungsmerkmal gegenüber dem Wettbewerb zu besitzen.

Maßnahmen für eine bessere Kundenorientierung

☐ Lernen Sie Sie die Bedürfnisse, Erwartungen und Wünsche Ihrer Kunden kennen und versuchen Sie diese zu übertreffen.

Was erwarten Kunden eigentlich? Nehmen Sie sich selbst in die Pflicht und denken Sie darüber nach, welche Erwartungen Sie persönlich als Kunde haben oder fragen Sie Freunde, Bekannte oder Verwandte.

☐ Beziehen Sie die Meinungen und Wünsche Ihrer Kunden in die Entscheidungsprozesse im Unternehmen mit ein.

Hören Sie Ihren Kunden zu und beobachten Sie ihr Verhalten. Daraus lässt sich viel lernen und ableiten.

☐ Messen Sie die Kundenzufriedenheit.

Sind Ihre Kunden zufrieden? Zuverlässige Maßnahmen, um die Zufriedenheit zu überprüfen sind u. a. eine Kundenbefragung, Hinweiszettel im Betrieb, die der Kunde ausfüllen kann (bitte Stifte nicht vergessen) oder eine schriftliche Befragung, gekoppelt mit einem Gewinnspiel, da ansonsten die Rücklaufquote sehr gering ist.

☐ Der Kunde kommt zu Ihnen als Freund, bieten Sie ihm einen hohen Nutzen.

Erhöhen Sie den Nutzen für Ihre Kunden, vor allem in den Bereichen Service, Qualität und Schnelligkeit.

☐ Pflegen Sie persönlichen Kontakt zu Ihren Kunden.

Immer wenn sich die Möglichkeit ergibt, führen Sie ein Gespräch von Angesicht zu Angesicht oder laden Sie Kunden zu einer Tasse Kaffee ein.

- ☐ Nutzen Sie die Potenziale eines zufriedenen Kunden.

  Ein zufriedener Kunde wird das Unternehmen weiterempfehlen, sodass sich weitere Kontakte ergeben. Aber Vorsicht, der empfohlene Kunde hat hohe Ansprüche, da er beispielsweise von dem sehr guten Service und der überaus freundlichen Beratung gehört hat. Den neuen Kunden nicht zu enttäuschen, ist eine echte Herausforderung.

- ☐ Seien Sie sich immer bewusst, dass der Kunde Ihr Gehalt und das Ihrer Kollegen bezahlt!

  Leider gibt es heute noch Mitarbeiter, die glauben, ausschließlich das Unternehmen ist für die Entlohnung verantwortlich und nicht der Kunde. Kein Kunde ➔ kein Gewinn ➔ kein Mitarbeiter!

- ☐ Lösen Sie Konflikte schnell, unkompliziert und immer im Sinne Ihrer Kunden.

  Um Kundenreklamationen schnell und unkompliziert lösen zu können, bedarf es eines professionellen Reklamationsmanagement (siehe Kapitel 11).

- ☐ Richten Sie Ihre volle Aufmerksamkeit auf den Kunden.

  Privatgespräche der Mitarbeiter sollten sich in einem angemessenen Rahmen halten. Dies gilt auch für das Privathandy, dessen Nutzung nur in Pausen erlaubt wird.

- ☐ Freundlichkeit und Hilfsbereitschaft sind selbstverständlich.

  Sollten Sie einmal sitzen und ein Kunde kommt auf Sie zu, stehen Sie selbstverständlich auf.

- ☐ Professionelles Auftreten ist für Sie selbstverständlich.

  Hierzu gehören saubere Arbeitskleidung, gepflegtes Äußeres und kein Lutschen oder Kauen von Bonbons oder gar Kaugummis. Kunden empfinden das als störend und unangemessen.

Diese Denkanstöße sollen dazu dienen die Kundenorientierung effizienter zu gestalten, um die Erwartungen der Kunden besser und schneller zu erfüllen. Diese elf Punkte sind sicherlich nur ein kleiner Ausschnitt aus einer Vielzahl von Möglichkeiten und erheben keinen Anspruch auf Vollständigkeit.

6.9 Kundenerwartungen übertreffen

Produkte und Dienstleistungen ähneln sich immer mehr und sind austauschbar. Die Antwort auf die Frage, warum der Kunde ausgerechnet in diesem oder jenem Unternehmen sein Geld ausgeben soll, wird immer komplexer. Der Kundenservice gewinnt immer mehr an Bedeutung. Durch ihn entstehen im besten Fall Begeisterung und Enthusiasmus beim Kunden.

Die Gewinnung von Neukunden hat eine ebenso große Bedeutung, wie Stammkunden durch exzellenten Service an das Unternehmen zu binden. Voraussetzung dafür ist, dass sich alle Mitarbeiter und Führungskräfte an den Wünschen und Erwartungen der Kunden orientieren. Der Kundennutzen steht im Zentrum aller Bemühungen. Die meisten Unternehmen entwickeln Marketing-Konzepte mit der Zielsetzung besser zu sein als der Wettbewerb. Ob dies aber tatsächlich Kundenorientierung ist oder eher Wettbewerbsorientierung, bleibt offen. Kundenorientierung stellt den Kunden in den Mittelpunkt, Wettbewerbsorientierung den Erfolg des Unternehmens gegenüber der Konkurrenz.

Um die Erwartungen der Kunden zu übertreffen, muss man das Kaufverhalten und die Kaufgewohnheiten des Kunden genau kennen. Im Zeitalter von Facebook oder XING sollte die regelmäßige Kontaktaufnahme zum Kunden kein größeres Problem darstellen. Regelmäßige Kundenmeetings, die darauf abzielen die Kundenmeinung einzuholen, helfen, ein persönliches Verhältnis zum Kunden aufzubauen. Ebenso kann man seinen Kunden einen Blick hinter die Kulissen des eigenen Unternehmens gewähren. Auf diesem Weg können die Verantwortlichen im Unternehmen mehr über die Probleme, Sorgen, Erwartungen und Wünsche der Kunden erfahren. Unternehmen, die in der Lage sind, diese Probleme und Sorgen zur völligen Zufriedenheit der Kunden zu lösen, verschaffen sich einen deutlichen Wettbewerbsvorteil.

Nutzen Sie Kundenbeschwerden zu Ihrem Vorteil

In vielen Unternehmen werden Kundenbeschwerden professionell beantwortet. Neben einer Entschuldigung wird meist noch ein kleines Präsent oder ein Gutschein beigefügt. Führen Sie zusätzlich auch eine Statistik darüber, welche Beschwerden am häufigsten vorkommen, um die Ursache herauszufiltern und zu beseitigen.

Die Erwartungen der Kunden zu übertreffen ist sicherlich nicht einfach, aber mit großer Anstrengung und Leidenschaft möglich.

Können Sie Erwartungen überhaupt übertreffen? Wie reagiert der Kunde, wenn Sie Dinge tun, die er nicht erwartet?

Das passiert, wenn Sie die Erwartungen der Kunden übertreffen

- Es entwickelt sich ein persönliches Verhältnis zwischen Kunde und Verkäufer, bzw. Kunde und Unternehmen.
- Begeisterte Kunden werden oftmals zu Stammkunden.
- „Altkunden" empfehlen Sie weiter und neue Kunden werden auf ihr Unternehmen aufmerksam.
- Sie werden positiv wahrgenommen und schaffen sich eine persönliche Marke in der Region.
- Man verzeiht Ihnen leichter einen Fehler.
- Kundenloyalität baut sich auf.

Oft sind es Kleinigkeiten, die den Unterschied machen und die Erwartungen der Kunden übertreffen. Folgendes Beispiel soll diese These untermauern.

Nach einem Vortrag steuerte ich spätabends eine Tankstelle an. Als ich mit meiner EC-Karte bezahlt hatte, verabschiedete mich der Mitarbeiter, wünschte mir noch einen schönen Abend und sprach mich dabei mit meinem Namen an. Etwas verwirrt, ob der persönlichen Ansprache, erwiderte ich die abendlichen Grüße und machte mich auf den Weg zu meinem Wagen. Auf dem Weg dorthin überlegte ich, woher mich der Tankstellenmitarbeiter kannte. War er einmal Teilnehmer an einem meiner Seminare oder bestand früher beruflicher Kontakt zwischen uns? Ich drehte kurz vorm Einsteigen um, ging wieder in die Tankstelle und fragte, woher er mich kannte, da ich mich leider nicht mehr an ihn erinnern konnte. Der junge Mann lächelte und teilte mir mit, dass er mich nicht kenne, dass es aber für ihn selbstverständlich sei, einen Kunden, der mit EC-Karte bezahlt, namentlich zu verabschieden. Schließlich steht der Name auf der Karte. Überwältigt von so viel Service kam ich mit dem Mitarbeiter ins Gespräch und wir unterhielten uns noch ca. 5 Minuten über Kundenservice und allgemeine Dinge, bevor ich die Tankstelle wieder verließ. Was glauben Sie, wo ich seit diesem Zeitpunkt immer tanke, sofern ich in der Nähe bin?

Die Erwartungen der Kunden zu erfüllen reicht bei Weitem nicht aus. Nur wer permanent daran arbeitet, sie zu übertreffen, wird langfristig Erfolg haben. Nur die Fähigkeit und der Wille, sich den dynamischen Herausforderungen zu stellen und sie zu meistern und damit besser zu sein als der Wettbewerb, ermöglichen es einem Unternehmen Kunden zufriedenzustellen. Die meisten Kunden können sich kaum noch an das Unternehmen, geschweige denn an den Namen des Verkäufers, erinnern, wenn lediglich die Erwartungen erfüllt wurden. Aber außergewöhnliche Maßnahmen, serviceorientierte Kundenleistungen und exzellenter Umgang mit dem Kunden bleiben in Erinnerung.

Überraschen Sie Ihre Kunden auf ungewöhnliche Weise

Einige außergewöhnliche Maßnahmen, die sicherlich in Erinnerung bleiben werden:

- Bei Kundenterminen in den frühen Morgenstunden (Möbelauslieferung, etc.) bringen die Mitarbeiter des Unternehmens dem Kunden einen Frühstückskorb mit Brötchen, Brezeln oder Croissants mit.
- In Wartezimmern bei Ärzten werden kostenlose Internetzugänge für den Kunden bereitgestellt.
- Ein Mitarbeiter eines Handwerkbetriebes überreicht dem Auftraggeber bei Beginn der Arbeiten einen Essensgutschein für ein Restaurant ganz in Nähe des Wohnortes für zwei Personen.
- Mitarbeiter einer Elektrofirma bringen der Auftraggeberin einen Blumenstrauß mit und bedanken sich für den Auftrag.
- …

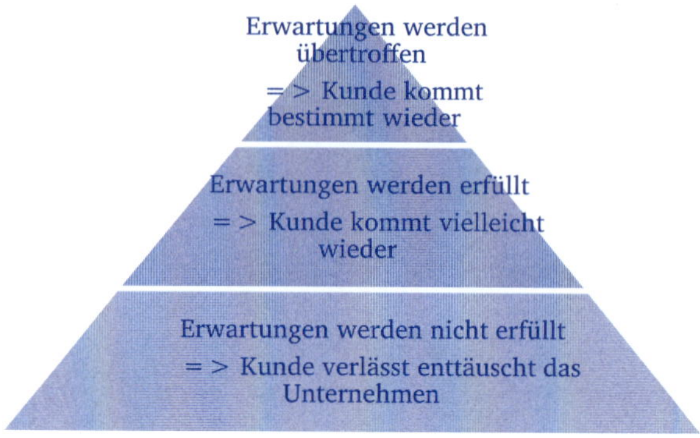

Erwartungspyramide

Was in den Köpfen Ihrer Kunden in Erinnerung bleibt, sind außergewöhnliche Serviceideen, unerwarteter Zusatznutzen und besonders gute Leistungen. Nur wenn Sie mehr bieten, als Ihre Kunden erwarten, werden Sie es schaffen sie zu begeistern. Der Begeisterungseffekt hat noch den Vorteil, dass er sich schnell herumspricht. Oft sind es nicht die ganz großen Sachverhalte, sondern eher kleine Gesten und Handlungen, die das Herz der Kunden treffen und damit einen „Dominoeffekt" auslösen. Vielleicht sind es aber auch Dinge, die der Kunde noch nie zuvor erlebt hat und durch die Neuartigkeit dazu führen, das Gefühl des Besonderen hervorrufen.

Wie kann man die Erwartungen der Kunden übertreffen? Eine Möglichkeit ist die bedingungslose Kundenorientierung. In welcher Form eine bedingungslose Kundenorientierung umsetzbar und sinnvoll ist, erfahren Sie im nächsten Kapitel.

6.10 Bedingungslose Kundenorientierung

Es gibt Unternehmen, denen die allgemeine Kundenorientierung nicht weit genug geht. In diesen Betrieben werden alle Überlegungen im Unternehmen bedingungslos dem Kundenwunsch untergeordnet.

Bevor die ersten Anstrengungen zu einer bedingungslosen Kundenorientierung unternommen werden, sollte zunächst die Frage geklärt werden, was unter bedingungsloser Kundenorientierung **überhaupt zu verstehen ist**. Ebenso sollte die Unternehmensleitung hinterfragen, ob Führungskräfte und Mitarbeiter für eine bedingungslose Kundenorientierung qualitativ und mental ausgebildet sind.

Für viele Verkäufer ist bedingungslose Kundenorientierung negativ besetzt. Ist sie eher Fluch oder eher Segen? Werden durch bedingungslose Kundenorientierung negative Verhaltensweisen des Kunden belohnt?

Ist bedingungslose Kundenorientierung…

… eine Erniedrigung der Mitarbeiter und ein Auffangbecken für die schlechte Laune der Kunden?

… eine bedingungslose Unterwerfung der Verkäufer unter die Wünsche der Kunden?

… der Zwang, etwas tun zu müssen, was man eigentlich nicht will?

… ein Motivationshemmer für die eigenen Mitarbeiter?

… eine Gefahr, weil der Kunden zu viel Macht bekommt?

… ein übertriebenes Eingehen auf den Kunden, aufgrund gesellschaftlicher und medialer Verpflichtungen?

Oder ist bedingungslose Kundenorientierung nicht ein weiterer Baustein zur Gewinnung von Stammkunden? Absolute Kundenorientierung hat nichts mit Anbiederung oder Angst zu tun, sondern richtet ein Unternehmen an den Wünschen des Kunden aus. Nicht, weil es der Kunde so will, sondern weil es der Verkäufer so beabsichtigt.

Stetiges Verbessern der eigenen Verhaltensweisen und eine gewisse Offenheit für Neuerungen sind Voraussetzungen für bedingungslose Kundenorientierung. Nur wer sich selbst nicht zu wichtig nimmt, besitzt die Gabe, sich voll und ganz um den Kunden zu kümmern. Absolute oder bedingungslose Kundenorientierung erfordert einen internen Radar, um täglich mit offenen Augen durch das Unternehmen zu laufen und Missstände zu beseitigen. Bedingungslose Kundenorientierung stellt den Anspruch an den Verkäufer, sich ständig selbst zu hinterfragen und Abläufe im Unternehmen aus Kundensicht zu optimieren.

Eine der zahlreichen Aufgaben von Führungskräften liegt in der Entwicklung, Umsetzung und Überwachung von Optimierungsprozessen im Unternehmen. Je mehr Eigeninitiative die einzelnen Verkäufer innerhalb ihrer Tätigkeit an den Tag legen, je größer ihr Entscheidungsspielraum im operativen Geschäft, desto mehr Aufgaben werden von ihnen übernommen. Somit werden Führungskräfte in ihren täglichen Routineaufgaben entlastet sie haben die Möglichkeit, sich intensiver mit bestehenden Problemen, wie beispielsweise der Kundenorientierung zu beschäftigen und Konzepte zu ihrer Optimierung zu entwickeln.

Im Folgenden stelle ich 20 Thesen auf, die als Gedankenstütze bei der Entwicklung von individuellen Maßnahmen helfen sollen. Um der Vision der absoluten Kundenorientierung Nachdruck zu verleihen, werden die Thesen als Garantien formuliert.

✔ **20 Garantien, die Sie Ihren Kunden geben sollten**

- ☐ **Umsetzungsgarantie:** Wir haben Mut und stellen uns den komplexen Anforderungen – wir sind mutiger als der Wettbewerb! Wir setzen Dinge um, vor denen sich der Wettbewerb eventuell fürchtet.
- ☐ **Umtauschgarantie:** Herrscht Unzufriedenheit mit einem Produkt oder einer Dienstleistung, erhalten unsere Kunden ihr Geld zurück oder bekommen eine adäquate Ersatzleistung angeboten.
- ☐ **Präsenzgarantie:** Wir sind für den Kunden im Unternehmen immer präsent.
- ☐ **Vertrauensgarantie:** „Auf uns kann man sich verlassen, wir stehen zu unserem Wort!" Vertrauen als Basis einer gemeinsamen Zusammenarbeit.
- ☐ **Unterstützungsgarantie:** Wir unterstützen unsere Kunden immer und überall, wir helfen und sind immer da, wenn es brennt.
- ☐ **Schnelligkeitsgarantie:** Wir sind besser und schneller als der Wettbewerb.
- ☐ **Mittelpunktgarantie:** Der Kunde steht im Mittelpunkt aller unserer Bemühungen, nicht das Unternehmen.
- ☐ **Zufriedenheitsgarantie:** Verlässt ein Kunde unser Unternehmen, geht er als zufriedener Kunde, auch wenn er diesmal nichts gekauft hat.
- ☐ **Qualitätsgarantie:** Wir bieten nur beste Produkte und erstklassige Dienstleistungen an.
- ☐ **Erfüllungsgarantie:** Der Wunsch des Kunden wird erfüllt, ohne Diskussion, auch wenn der Kunde eventuell im Unrecht ist.

- ☐ **Kontrollgarantie:** Wir hinterfragen uns ständig, kontrollieren uns selbst und beziehen in diesen Prozess auch unsere Lieferanten und andere Geschäftspartner ein.
- ☐ **Verbesserungsgarantie:** Wir sind bemüht, unsere Leistungen ständig zu verbessern. Der Kunde hilft uns dabei.
- ☐ **Entscheidungsgarantie:** Bei uns dürfen und sollen die Mitarbeiter Entscheidungen treffen. Selbst entscheiden zu wollen und nicht nur zu dürfen, ist Teil unserer Unternehmensphilosophie.
- ☐ **Zwei-Augen-Garantie:** Arbeiten ohne Checklisten, weil auch Dinge bearbeitet und verändert werden, die nicht auf einer Liste stehen.
- ☐ **Sauberkeitsgarantie:** Niemand muss uns auf die Korrektheit der Arbeitskleidung hinweisen, weil wir uns permanent selbst überprüfen.
- ☐ **Pro-Kunde-Garantie:** Wir packen Probleme vor Ort an und entscheiden immer im Sinne des Kunden.
- ☐ **Vorbildgarantie:** Wir leben Kundenorientierung und gehen als Vorbild voran.
- ☐ **Reklamationsgarantie:** Beschwerden und Reklamationen werden von uns schnell, sachlich, ruhig und unkompliziert, immer im Sinne des Kunden gelöst.
- ☐ **Freundlichkeitsgarantie:** Wir grüßen und verabschieden jeden Kunden immer mit einem Lächeln und mit Namen, falls wir ihn kennen.
- ☐ **Lerngarantie:** Wir lernen täglich von unseren Kunden und nehmen Verbesserungsvorschläge gerne an.

6.11 Sechstes Gebot

Stellen Sie immer den Kundenwunsch in den Vordergrund, nicht die Bedürfnisse des Unternehmens. Ihre Kunden werden nur dann zu loyalen Kunden, wenn Sie ihre Erwartungen nicht nur erfüllen, sondern übertreffen.

Im Kapitel 6 wurde die Kundenorientierung auf höchstem Niveau näher beschrieben und die absolute Kundenorientierung als eines der wichtigsten Kriterien analysiert. Das nun folgende Kapitel beschäftigt sich mit der Bedeutung des Mitarbeiters als Mosaikstein im Bild der Kundenorientierung und zeigt auf, dass nur zufriedene Mitarbeiter zufriedene Kunden generieren.

7. Kapitel

7

Mitarbeiter als Bestandteil der Kundenorientierung

„Umtauschen können Sie das nur in München“

Wie wichtig der Mitarbeiter bei der Umsetzung der Kundenorientierung ist, beschreibt folgendes Beispiel aus einem Schuhgeschäft in Düsseldorf.

Im Jahre 2011 erhielt ich einen Seminarauftrag im Raum Düsseldorf. Üblicherweise reise ich bereits einen Tag vor Seminarbeginn an, um Verspätungen zu vermeiden. So ergab es sich, dass ich am Tag zuvor nachmittags noch einen Abstecher in die City unternahm. Als ich durch die Einkaufsstraße schlenderte, fiel mein Blick auf ein Schaufenster eines Schuhgeschäftes, in dem ich ein Paar Herrenschuhe erblickte, die genau meinem Geschmack entsprachen und ich beschloss mir diese Schuhe genauer anzusehen. Im Geschäft wurde ich von einer sehr netten Verkäuferin begrüßt und auch erstklassig bedient. Es dauerte kaum 5 Minuten, da war meine Entscheidung gefallen diese Schuhe zu erwerben. Ich verabschiedete mich höflich von der Verkäuferin und nahm die Schuhe mit zur Kasse, da die Dame bereits weitere Kundschaft bediente.

Als ich an der Kasse ankam, stellte ich mich hinter einer jungen Dame an, die ein paar rote Schuhe in der Hand hielt und gerade mit der Filialleiterin an der Kasse ein Gespräch begann. Die Kundin teilte der Mitarbeiterin mit, dass sie diese Schuhe, die sie letzte Woche in einer Filiale in München gekauft habe, gerne umtauschen würde, weil sie nicht richtig passen würden. Sie habe die Schuhe nur zuhause getragen und wolle auch nicht ihr Geld zurück, sondern lediglich einen Gutschein, um sich ein anderes Paar aussuchen zu können.

Zu meiner Verwunderung, und auch zur Verwunderung der vor mir stehenden Kundin, teilte die Filialleiterin ihr mit, dass ein Umtausch nicht möglich sei und die Schuhe nur in der Filiale umgetauscht werden können, in der sie auch erworben wurden.

Zufälligerweise kannte ich, auf Grund von zahlreichen Schulungen, die Philosophie des Unternehmens und wusste, dass ein Umtausch von gekauften Schuhen auch in einer anderen Filiale möglich war. Sicherlich ist der Umtausch in diesem Unternehmen sehr bürokratisch geregelt, aber machbar.

Die Kundin schaute etwas verblüfft und gab zu bedenken, dass sie doch nicht nach München fahren könne, um die Schuhe umzutauschen, da der Weg dorthin teurer sei als die Schuhe selber. Die Filialleiterin an der Kasse interessierte dies aber wenig und sie wiederholte den Satz, dass Schuhe in ihrem Unternehmen nur in der Filiale umgetauscht werden können, in der sie auch gekauft wurden. Die Kundin verließ sehr verärgert das Geschäft und teilte der Mitarbeiterin mit, dass sie nie wieder einen Fuß in eine der Filialen des Unternehmens setzen würde.

Nun kam ich an die Reihe, die Filialleiterin begrüßte mich freundlich und fragte mich, ob ich den Schuhkarton bräuchte oder die Schuhe in einer Tüte mitnehmen wollte. Ich antwortete ihr, dass ich die Schuhe nun überhaupt nicht mehr kaufen werde. Als sie mich entsetzt ansah und fragte warum ich mich anders entschieden hätte, antwortete ich ihr, dass ich aus einer Stadt in Bayern komme und es mir zu gefährlich sei die Schuhe in Düsseldorf zu erwerben. Da ein Umtausch ja nur in dem Geschäft möglich sei, in dem man die Schuhe auch kaufen würde, sei mir das Risiko zu hoch. Ich bedankte mich bei der Mitarbeiterin, übergab ihr die Schuhe, wünschte ihr noch einen schönen Tag und verließ das Geschäft.

Welchen Rat würden Sie geben?

Stellen Sie sich vor, Sie könnten diesem Schuhgeschäft einen Tipp zum professionellen Reklamationsmanagement geben. Für welchen der unten genannten würden Sie sich entscheiden?

- Umtausch nie im Beisein anderer Kunden abwickeln.

- Klare Regeln für den Umtausch etablieren und den Mitarbeitern zusätzlich einen Entscheidungsspielraum bei Reklamationen einräumen.
- Die Mitarbeitern freie Hand bei Reklamationen lassen. Jeder Mitarbeiter entscheidet nach bestem Wissen und Gewissen.
- Den Kunden den Umtausch grundsätzlich so schwer wie möglich machen, damit das Geld im Unternehmen bleibt.

Einerseits ist es wichtig klare Regeln für die Bearbeitung von Reklamationen festzulegen, ansonsten wird der Kunde denjenigen Verkäufer aufsuchen, bei dem er am meisten für sich „rausschlagen" kann. Andererseits sind die einzelnen Reklamationen aber auch nicht immer unmittelbar miteinander identisch oder direkt vergleichbar, sodass es durchaus Sinn macht, die Mitarbeiter mit zusätzlichem Spielraum in der Bearbeitung einer Reklamation auszustatten. Die Filialleiterin hatte nicht nur die Kundin mit den roten Schuhen vergrault, sondern auch noch auf zusätzlichen Umsatz verzichtet, also dem Unternehmen einen doppelten Schaden zugefügt. Zufriedene Kunden hinterlassen, geht anders.

7.1 Zufriedene Mitarbeiter – zufriedene Kunden

Durch bewusst gesteuerte Mitarbeiterorientierung wird ein Arbeitsklima geschaffen, in dem der Verkäufer sich wohlfühlt und selbstständig Ideen entwickelt. Er wird zu eigenverantwortlichem Handeln animiert und soll somit die Kundenorientierung im Unternehmen steigern.

Personal ist ein wichtiger, wenn nicht sogar der wichtigste Erfolgsfaktor, eines Unternehmens. Vor allem im Dienstleistungssektor und im „Face-to-Face-Verkauf" korrelieren Mitarbeiterzufriedenheit und Kundenzufriedenheit. Somit ist jedes Unternehmen daran interessiert gute Mitarbeiter zu finden und diese bestmöglich auszubilden. Der Betrieb muss tatkräftige Anstrengungen unternehmen, um den Mitarbeiter an das Unternehmen zu binden und ihn bezüglich seiner Arbeit zufriedenzustellen – kurz gesagt, das Unternehmen muss motivieren.

Motivation bezeichnet das auf emotionaler und neuronaler Aktivität beruhende Streben des Menschen nach Zielen oder wünschenswerten Zielobjekten. Es gibt zwei Arten von Motivation: die intrinsische und die extrinsische Variante. Die intrinsische Motivation ist das Bestreben, etwas um seiner selbst willen zu tun (weil es einfach Spaß macht, Interessen befriedigt oder eine Herausforderung darstellt). Bei der extrinsischen Motivation steht dagegen der Wunsch im Vordergrund, Leistungen zu erbringen, weil man sich davon einen Vorteil (Belohnung) verspricht oder Nachteile (Bestrafung) vermeiden möchte. In der Realität schließen sich diese beiden Varianten keineswegs aus, im Gegenteil, man findet in Analysen von Motivationsgründen beide Elemente.

Die Führungskraft kann direkten Einfluss auf die intrinsischen Motive der Mitarbeiter ausüben. Je wohler sich die Verkäufer fühlen, desto höher ist die intrinsische Motivation und die Bereitschaft mehr zu leisten, als vielleicht verlangt wird. Ein Verkäufer, den die intrinsische Motivation antreibt, schaut nicht auf die Uhr, er verrichtet die Arbeit, weil er darin seine Bestätigung sieht bzw. seine Berufung findet und gerne im Unternehmen tätig ist. Dies führt automatisch zu einer höheren Kundenorientierung.

i

So werden aus Mitarbeitern zufriedene Mitarbeiter

Wesentliche Faktoren, die zur Zufriedenheit der Verkäufer beitragen sind u.a.:

- menschliche und finanzielle Anerkennung
- die Möglichkeit, Verantwortung übernehmen zu dürfen
- ein gutes Arbeitsklima innerhalb der Abteilung
- die Möglichkeit, Entscheidungen treffen zu können

Zufriedene Mitarbeiter sind kein Garant für zufriedene Kunden, bilden aber die Basis für erfolgreiche Kundenpolitik. Einige Kriterien sollen Aufschluss über die Möglichkeit zur Verbesserung der Mitarbeiterzufriedenheit geben.

Anerkennung und Lob: Die meisten Menschen empfinden Stolz und Genugtuung, wenn sie hören, dass ihre Arbeit wertgeschätzt wird. Mitarbeiter gehen in der Regel motivierter an ihre Aufgaben heran, wenn sie sich der Zufriedenheit der Vorgesetzten und damit des Unternehmens bewusst sind. Aber Achtung! Zu viel Lob wirkt unglaubwürdig und erzielt meist den gegenteiligen Effekt. Führungskräfte werden nicht mehr ernst genommen und die eigentlich beabsichtigte Wirkung des Lobes verpufft.

Übertragung von Verantwortung: Wenn Mitarbeitern Verantwortung übertragen wird, bescheinigt man ihnen Vertrauen. Der Verkäufer schätzt die Kompetenz und Verantwortung, die ihm nun obliegt. Vielen Menschen bedeutet die Übertragung von Verantwortung ein gewisses Maß an Freiheit und Selbstständigkeit (sein eigener Chef sein) und führt in den meisten Fällen zu einer gesteigerten Motivation. Voraussetzung ist aber die Bereitschaft des Mitarbeiters, Aufgaben auch übernehmen zu wollen.

Der Mitarbeiter ist wichtig: Manchmal sind es Kleinigkeiten, die Mitarbeiter motivieren. Geben Sie dem Mitarbeiter stets das ernstgemeinte Gefühl fester Bestandteil des Unternehmens zu sein. So ist beispielsweise das persönliche Übermitteln von Geburtstagsgrüßen ein Signal, um zu verdeutlichen, dass der Mitarbeiter kein Statist, sondern ein wichtiger Baustein im Unternehmen ist.

Einbeziehen in Entscheidungen: Beziehen Sie die Mitarbeiter in ihre Entscheidungen und Entscheidungsprozesse mit ein. Nehmen Sie die Meinungen und Vorschläge Ihrer Verkäufer ernst und setzen Sie sich mit den Ideen der Mitarbeiter auseinander. Der Verkäufer gewinnt an Selbstbewusstsein und empfindet eine gewisse Form der Akzeptanz. Er sieht sich als vollwertiges Mitglied des Unternehmens. Er bestimmt mit. Entscheidungen, in die die Verkäufer einbezogen wurden, werden von diesen nicht nur mitgetragen, sondern auch nach außen verteidigt.

Verbesserungswesen: Nutzen Sie die Intelligenz Ihrer Mitarbeiter und entwerfen Sie ein innerbetriebliches Vorschlagswesen. Prämieren Sie jeden umgesetzten Vorschlag mit einem Preis und geben Sie damit Ihren Mitarbeitern das Gefühl aktiv am operativen Geschäft beteiligt zu sein.

Monetäre Motivation: Es gibt kaum Mitarbeiter, die eine Gehaltserhöhung ablehnen – ganz ehrlich, ich habe noch niemanden kennengelernt, der so denkt, geschweige denn so handelt. Sicherlich ist dies die einfachste, aber auch teuerste Form der Motivation. Gehen Sie damit sehr maßvoll um, da eine Erhöhung der Bezüge etwas ganz Besonderes sein sollte. Seien Sie sich bewusst, dass monetäre Motivation zeitlich begrenzt ist.

Motivation durch Information: Informierte Mitarbeiter sind motivierte Mitarbeiter. Oft werden gute Verkäufer demotiviert, weil sie nicht genügend Informationen zur optimalen Ausführung ihrer täglichen Arbeit erhalten. Mitarbeiter wollen und brauchen als Entscheidungsgrundlage für ihr Tagesgeschäft ausreichend Informationen. Zu wissen, was, wann und wie passiert, gibt ein Gefühl der Sicherheit. Der Verkäufer kann verantwortungsvoll, kundenorientiert, aber auch unternehmensorientiert agieren und entscheiden. Das Fehlen von Informationen führt zu Unsicherheit und Unsicherheit führt zwangsläufig zu Fehlern.

Motivation durch Weiterbildung: Werden Mitarbeiter in ihrem Weiterbildungsstreben unterstützt, werden externe Seminare und innerbetriebliche Schulungen angeboten, steigt nicht nur die Motivation des Verkäufers, sondern auch die Identifikation mit dem Unternehmen.

Motivation durch Erfolge: Nichts macht süchtiger als Erfolg. Ebenso verhält es sich mit der Motivation der Mitarbeiter. Erfolg beflügelt und erhöht die Motivation jedes einzelnen Verkäufers. Deshalb betrauen Sie Mitarbeiter mit Aufgaben, die eine Ausgewogenheit zwischen Schwere und Routine mit sich bringen. Verkäufer müssen mit anspruchsvollen aber auch realisierbaren Aufgaben betraut werden. Das Gefühl der Genugtuung und des Erfolges stellt sich in aller Regel dann ein, wenn die anspruchsvolle Aufgabe alleine gelöst wird. Erfolg ist ein außergewöhnlich starker Antrieb für verstärkte Kundenorientierung. Können Mitarbeiter Erfolge für sich und damit auch für das Unternehmen verbuchen, wird nicht nur die Motivation steigen, sondern auch die Leistung der Verkäufer exorbitant zulegen.

Partnerschaftliche Zusammenarbeit: Wenn Vorgesetzte für Ihre Mitarbeiter ein offenes Ohr haben, wenn der Verkäufer jederzeit mit seinen Fragen und beruflichen Problemen zu seinem Ansprechpartner gehen kann, dann entsteht ein vertrauensvolles, partnerschaftliches Arbeitsverhältnis, was eine gesteigerte Motivation nach sich zieht.

Motivation durch eine positive Einstellung: Positive Einstellungen ziehen positive Erfahrungen nach sich. Wenn Führungskräfte positive Grundeinstellungen und Optimismus vorleben, wird sich das auf die Mitarbeiter übertragen, mit der Folge, dass diese ihre Arbeit motivierter angehen.

Motivation durch ein gutes Arbeitsklima: Je wohler der Verkäufer sich im Unternehmen fühlt, desto motivierter wird er seine Aufgaben erfüllen. Jedoch sollte zwischen gutem Arbeitsklima und Gemütlichkeit/Bequemlichkeit unterschieden werden. Gemütlich hat es der Mitarbeiter zu Hause, nicht im Unternehmen, denn Gemütlichkeit führt oft zu Trägheit und damit zum Verlust von Produktivität, sprich Kundenorientierung.

Hilfe bei Fehlentscheidungen: Gerade zu Beginn kommt es vor, dass Verkäufer Fehler machen, weil sie entweder Sachverhalte nicht richtig verstanden oder das Kundenverhalten unterschätzt haben. Führungskräfte sollen dem Mitarbeiter helfen, die Fehler in Zukunft zu vermeiden und ihn aufbauen, anstatt ihn durch mangelnde Rückendeckung zu demotivieren.

Zufriedene Mitarbeiter führen zu zufriedenen Kunden. Der Kunde hat ein feines Gespür dafür, ob der Mitarbeiter sich in seiner Rolle als Verkäufer wohl fühlt und sich mit der Philosophie und der Strategie des Unternehmens identifiziert oder nicht. Der Zusammenhang zwischen zufriedenen Mitarbeitern und zufriedenen Kunden ist nicht von der Hand zu weisen. Die Hypothese, dass glückliche Kühe mehr Milch geben, lässt sich auch auf den Mitarbeiter übertragen. Zufriedene Mitarbeiter sind direkte Schnittstellen zum Kunden, sie haben weniger Fehltage, machen weniger Fehler und sind insgesamt motivierter und engagierter bei der Arbeit, was sich dann auch in einer erhöhten Kundenorientierung bzw. -zufriedenheit niederschlägt. Mitarbeiterorientierung und daraus abgeleitet die Kundenorientierung bilden die Säulen einer erfolgreichen Geschäftspolitik. Ohne zufriedene Mitarbeiter wird sich auch keine überzeugende Kundenorientierung einstellen.

Im persönlichen Kontakt mit dem Mitarbeiter stellt sich heraus, ob der Kunde mit den Leistungen des Unternehmens zufrieden ist und diese vielleicht erneut in Anspruch nehmen möchte. Daneben verstärkt die fachliche Qualifikation der Verkäufer die Anstrengungen des Unternehmens für eine optimale Kundenorientierung. Um alle Mitarbeiter auf ein gemeinsames, fachliches Niveau zu heben, bietet sich das Arbeiten mit Checklisten an – zumindest für eine gewisse Zeit. Mehr dazu im nächsten Kapitel.

7.2 Arbeiten mit und ohne Checkliste

Ein Kriterium der Kundenzufriedenheit ist die fachliche Qualifikation der Verkäufer. Um diesen Anspruch auf alle Mitarbeiter des Unternehmens zu übertragen, erscheint es durchaus sinnvoll Checklisten mit klaren Regeln an die Mitarbeiter zu verteilen und deren Einhaltung zu überwachen. Die Checklisten sollten allerdings nicht mehr als zehn Punkte enthalten und vom Mitarbeiter immer „am

Mann" getragen werden. Somit erreicht die Abteilung ein hohes Qualitätslevel und das in kürzester Zeit. Die Checkliste geht dem Mitarbeiter in Fleisch und Blut über und die anfallenden Arbeiten werden ohne großartige Diskussion erledigt. Vor allem für neue Mitarbeiter eignen sich Checklisten, um diese möglichst schnell an das Niveau der Kollegen heranzuführen. Checklisten strukturieren Arbeitsvorgänge, sie geben Orientierung und helfen, wesentliche Tatbestände der täglichen Arbeit nicht zu vergessen. Sie dokumentieren Arbeitsabläufe, steigern die Effizienz und machen die Leistungen der Mitarbeiter vergleichbar.

Am Beispiel eines beliebigen Handelsunternehmens können mögliche Kernpunkte einer Checkliste wie folgt lauten:

✔

Checkliste für die Mitarbeiter eines Handelsunternehmens

- ☐ Kein Artikel ohne Preis (sind alle Artikel einem Preis zuzuordnen?).
- ☐ Alle Artikel sind nach Größen geordnet.
- ☐ Es befindet sich keine Kartonage in der Abteilung.
- ☐ Ordnung und Sauberkeit sind gewährleistet, dies bezieht sich auch auf die Warenträger.
- ☐ Die Beleuchtung funktioniert und ist vollständig.
- ☐ Die Arbeitsplätze im Verkauf sind sauber und aufgeräumt.
- ☐ Herumliegende Artikel werden den entsprechenden Bereichen zugeordnet.
- ☐ Die Gänge sind für die Kunden frei, sauber und begehbar.
- ☐ Die Arbeitskleidung ist sauber und das Namensschild ist gut lesbar angebracht.
- ☐ Wechselgeld ist in ausreichendem Maße in der Kasse vorhanden.
- ☐ Die Kinderspielecke (falls vorhanden) ist aufgeräumt.
- ☐ Alle notwendigen technischen Anlagen funktionieren und sind in einem einwandfreien Zustand.
- ☐ …

Andererseits sollten ab einem gewissen Zeitpunkt die Checklisten aus der Abteilung entfernt werden, ansonsten besteht die Gefahr, dass nur die Arbeiten erledigt werden, die auch auf der Checkliste ausgewiesen sind. Ausgenommen hiervon sind selbstverständlich neue Verkäufer.

Grundsätzlich sind Verkäufer für alle Belange und Arbeiten innerhalb der gesamten Abteilung zuständig. Sie sollen nicht nur Themen abarbeiten, die auf irgendeiner Liste stehen.

Checklisten maßvoll einsetzen

Checklisten sind ein wertvolles Instrument das Leistungsniveau innerhalb einer Abteilung zu steigern. Sie dienen vor allem neuen Mitarbeitern als Stütze. Checklisten sollten aber nach einer gewissen Zeit wieder entfernt werden, da nicht nur die Aufgaben im Fokus stehen, die auf der Checkliste stehen.

7.3 Exkurs: Mitarbeitergespräche effizient führen

Sie erwarten eine offene, faire und vertrauensvolle Zusammenarbeit und wollen die ehrliche Meinung Ihrer Mitarbeiter wissen?

Ein geeignetes Mittel dazu ist die Durchführung eines Mitarbeiter- oder Jahresgesprächs. Dieses Vertrauensgespräch ist ein Motivationsgespräch, in dem Mitarbeiter und Führungskraft das abgelaufene Geschäftsjahr gemeinsam analysieren, das neue Arbeitsjahr planen und die Zusammenarbeit bewerten. In diesen Jahresgesprächen werden die Grundlagen für eine vertrauensvolle Zusammenarbeit zwischen Mitarbeiter und Führungskraft gelegt. Offenheit und die Bereitschaft Anregungen und Kritik auf beiden Seiten anzunehmen, sind die Grundlage für erfolgreiche Jahresgespräche.

Jahresgespräche sind keine Konfliktgespräche, solche werden unmittelbar nach Auftreten des Konfliktes geführt. Jahresgespräche dienen der Verbesserung der Zusammenarbeit zwischen Verkäufer und Vorgesetztem. Ein Mitarbeitergespräch, richtig geführt, kommt nicht nur dem Unternehmen zugute, sondern ist für beide Seiten eine Win-win-Situation. Sie sollen eine offene, respektvolle und intensive Kommunikation der Gesprächsparteien ermöglichen, Leistungspotenziale der Verkäufer erkennen, eine Optimierung der Prozesse und Arbeitsabläufe erreichen und helfen, die Unternehmensziele zu realisieren.

Von einem Mitarbeiter wird in der Regel Höchstleistung erwartet, gerade im Verkauf ist er hohen Anforderungen ausgesetzt. Er soll freundlich sein, fachkompetent, den Kunden verstehen und auch noch die Produkte oder Dienstleistungen des Unternehmens anbieten und verkaufen. Da ist es von einer Führungskraft nicht zu viel verlangt sich einmal im Jahr für ein paar Stunden ganz dem Mitarbeiter zu widmen.

Jahresgespräche laufen in vier Schritten ab:

1. Rückblick (was war?)
2. Standortbestimmung (wo stehen wir?)
3. Ausblick (wo wollen wir hin?)
4. Bewertung (wie funktioniert die Zusammenarbeit?)

Die Inhalte von Jahresgesprächen enthalten von Unternehmen zu Unternehmen unterschiedliche Schwerpunkte, jedoch sollten einige Basiselemente, unabhängig von der Branchenzugehörigkeit, elementarer Bestandteil von Jahresgesprächen sein.

✔ **Bestandteile eines Jahresgesprächs**

- ☐ Prüfung der Ziele aus dem letzten Jahresgespräch auf Erreichbarkeit
- ☐ Gemeinsame Festlegung der Aufgaben und Ziele für das kommende Jahr
- ☐ Analyse vorhandener Kompetenzen und Entwicklungspotenziale des Mitarbeiters, inklusive konkreter Fortbildungsmaßnahmen
- ☐ Berücksichtigung sonstiger Wünsche und Ziele des Mitarbeiters
- ☐ Beurteilung der Leistung durch den Vorgesetzten
- ☐ Persönliche Wertung der beidseitigen Zusammenarbeit

In einem offenen und vertraulichen Dialog sollen Mitarbeiter und Führungskraft als gleichberechtigte Partner auftreten. Das Gespräch findet unter vier Augen statt. Für den Mitarbeiter ist es *das* Gespräch des Jahres, demzufolge wird er, gerade beim ersten Mal, nervös und aufgeregt sein. Seine Erwartungshaltung ist sehr groß und die Aufgabe der Führungskraft besteht darin, diese Erwartung nicht nur zu erfüllen, sondern sogar zu übertreffen. Jahresgespräche machen aber nur dann Sinn, wenn sie bis ins Detail vorbereitet sind und mit Geduld, Respekt und gegenseitiger Akzeptanz geführt werden.

Die Wirkung eines Jahresgespräches wird oft unterschätzt und der Sinn und die Notwendigkeit dieser Gespräche von manchen Führungskräften nicht mit dem erforderlichen Ernst begleitet. Vordringlich dient das Jahresgespräch der Steigerung der Motivation des Mitarbeiters.

Jahresgespräche sind individuelle Begegnungen zwischen Verkäufer und Führungskraft. Wenn man ein paar wichtige Grundregeln zur Führung von Jahresgesprächen beachtet und einen geeigneten Rahmen schafft, dann steht einer erfolgreichen Zusammenarbeit nichts mehr im Wege.

Das Jahresgespräch ist von Ehrlichkeit und Offenheit geprägt und unterliegt der unbedingten Vertraulichkeit. Der Inhalt des Jahresgespräches wird im Jahresgesprächsbogen dokumentiert. Die Inhalte sind häufig personenbezogen und dokumentieren persönliche Ziele und Einschätzungen.

7.3.1 Organisation

1. Der Mitarbeiter muss frühzeitig über den Termin für das Jahresgespräches informiert werden, in der Regel ein bis zwei Wochen im Voraus.

2. Vorhandene Jahresgesprächsbögen werden dem Mitarbeiter im Vorfeld übergeben, damit er sich auf das Gespräch vorbereiten kann (Chancengleichheit).

3. Ein Jahresgespräch wird nicht zwischen „Tür und Angel" geführt. Es sollte ausreichend Zeit eingeplant werden.

4. Jahresgespräche werden nicht in Großraumbüros geführt, sondern unter vier Augen und hinter geschlossenen Türen.

7.3.2 Ablauf

1. **Der positive Beginn**

Der Mitarbeiter ist am Anfang des Gespräches sehr nervös. Es ist für ihn das wichtigste Gespräch des Jahres. Zu Beginn soll die Führungskraft, durch die Ansprache belangloser Themen, wie Wetter, aktuelle

Ereignisse aus der Region etc. versuchen, dem Mitarbeiter die Nervosität zu nehmen. Auch das Anbieten von Wasser oder Kaffee lockert die ganze Atmosphäre etwas auf. Jedes Jahresgespräch beginnt mit einer positiven Eröffnung: „Schön, dass Sie hier sind“, oder „Es freut mich, dass wir einmal Zeit haben, uns ausführlich zu unterhalten.“

2. **Das vergangene Jahr Revue passieren lassen**

Zunächst erfolgt ein Rückblick auf das vergangene Geschäftsjahr. Wurden die vereinbarten Ziele erreicht? Wenn nein, was waren die Gründe dafür? Die Aufzeichnungen aus dem letzten Jahresgespräch und die während des Jahres erfolgten Anmerkungen dienen als Grundlage der Analyse.

3. **Der Mitarbeiter spricht**

Wurden Ziele nicht erreicht, ist eine ausführliche Stellungnahme des Verkäufers sinnvoll, um diesem die Möglichkeit zu geben die Gründe dafür aus seiner Sicht zu benennen. Weiterhin soll der Mitarbeiter sich zu den zukünftigen Aufgaben äußern und eigene Ideen entwickeln. Dies vermittelt ihm Wertschätzung. Der Verkäufer steht im Mittelpunkt des Gespräches. Er ist es, der den größten Teil des Jahresgespräches bestreitet. In dieser Phase fällt der Führungskraft eher die Rolle des „aktiven Zuhörers“ zu. Dieses „aktive Zuhören“ ist eher passiv. Lediglich bei Verständnisproblemen wird nachfragt.

4. **Neue Ziele und Vereinbarungen gemeinsam treffen**

Die Ziele werden gemeinsam erarbeitet und nicht von der Führungskraft vorgegeben. Neben der Zielvereinbarung, in der beide Seiten ihre Ziele vorstellen und diskutieren, wird auch der Kontrollmechanismus, d. h. sogenannte Feedbacktermine, festgelegt. Die Ziele aus Sicht des Mitarbeiters und aus Sicht der Führungskraft müssen nicht nur kompatibel sein, sondern sich auch den Unternehmenszielen unterordnen. Ziele sollten immer nach der **SMART-Regel** vereinbart werden.

S→**S**pezifisch: genau auf den Aufgabenbereich des Verkäufers ausgerichtet

M→**M**essbar: mit konkreten Zahlen unterlegt (5% Umsatzplus)

A→**A**nspruchsvoll: sie sind eine Herausforderung für den Mitarbeiter

R→**R**ealistisch: die Ziele müssen erreichbar sein

T→**T**erminiert: sie enthalten zeitliche Vorgaben

Werden Ziele unpräzise, unrealistisch oder mit zu geringer Zeitvorgabe formuliert, drohen Überforderung und Demotivation.

Vielleicht ein kleiner Tipp: Lassen Sie als Führungskraft den Zeitfaktor, der in der SMART-Regel beschrieben wird, vom Mitarbeiter bestimmen. Damit umgehen Sie die „Ausrede“: „Ich konnte das ja aufgrund der knappen Zeitvorgabe nicht schaffen“, wenn das Ziel im Nachhinein nicht erreicht werden sollte. Sind die Zeitvorstellungen des Mitarbeiters zu langfristig, greifen Sie regulierend ein.

Der im Jahresgespräch verwendete Bogen wird nicht bereits im Voraus von der Führungskraft ausgefüllt, sondern während des Termins gemeinsam mit dem Mitarbeiter bearbeitet.

5. **Festlegung von Fort- und Weiterbildungsmaßnahmen**

Zunächst muss eine Analyse der Stärken und Schwächen des Mitarbeiters vorgenommen werden.

- Wo liegen die Stärken des Mitarbeiters und welche Möglichkeiten existieren, um diese auszubauen?
- Wo liegen die Schwächen in der Ausübung seiner Tätigkeit?
- Welche Maßnahmen sind notwendig, um vorhandene Defizite auszugleichen?
- Existieren Möglichkeiten, den Mitarbeiter in seiner beruflichen Aufgabe zu fördern oder zu unterstützen?
- Wie sieht die persönliche Weiterentwicklung des Mitarbeiters aus? Stimmen die Sicht des Mitarbeiters und die Sicht des Unternehmens diesbezüglich überein?
- Bestehen Ambitionen, eine höhere Stelle im Unternehmen zu erlangen?

Nachdem diese Fragen geklärt sind, sollten konkrete Maßnahmen, wie beispielsweise externe Seminare oder interne Schulungen mit konkreten Terminen vereinbart werden. Ebenso sind Freiräume für individuelle, außerberufliche Weiterbildung zu berücksichtigen.

6. **Beurteilung des Mitarbeiters**

Der Verkäufer erwartet eine Einschätzung seiner Leistung. Diese Beurteilung erfolgt durch die Führungskraft. Hier gilt der Grundsatz, dass nur positive Formulierungen im Jahresgespräch verwendet werden sollen. Lob und Anerkennung dürfen nicht zu kurz kommen, sollen aber auch nicht übertrieben geäußert werden. Nicht konstruktive Kritik sollten Sie vermeiden.

Vermeiden Sie Kritik im Jahresgespräch

Sind Sie nicht oder nur in Teilen mit der Leistung des Mitarbeiters zufrieden, dann vermeiden Sie Äußerungen wie: „Das haben Sie schlecht gemacht", oder „Das geht aber doch wohl erheblich besser." Signalisieren Sie vielmehr konstruktive Unterstützung durch Sätze wie: „In diesem Bereich möchte ich Sie unterstützen, damit Sie noch besser werden", oder „Was kann ich tun, damit Sie dort noch bessere Ergebnisse erzielen?" So üben Sie auf den Mitarbeiter keinen Druck aus und die Bereitschaft zur aktiven Teilnahme an den eventuellen Schulungsmaßnahmen steigt.

7. **Feedbacktermine festlegen**

Eine regelmäßige Kontrolle der Fortschritte fördert die Zielerreichung. Abweichungen werden mittels eines Soll-Ist-Vergleiches frühzeitig erkannt und können behoben werden. Außerdem sieht der Verkäufer, dass Sie sich um ihn kümmern.

8. **Positiver Abschluss**

Gerade die letzten Eindrücke eines Jahresgesprächs hinterlassen einen bleibenden Eindruck und beeinflussen die Meinungsbildung über ein positives oder ein negatives Erlebnis. Sätze wie: „Sie sind genau der richtige Mitarbeiter am richtigen Platz", oder „Ich freue mich, Sie in meinem Team zu haben", runden ein gelungenes Jahresgespräch ab und der Verkäufer sieht sich als fester Bestandteil der Abteilung.

Alle Inhalte eines Jahresgespräches werden schriftlich festgehalten und von beiden Seiten gegengezeichnet. Die schriftliche Form ist zwingend erforderlich, da ansonsten die genauen Inhalte verloren gehen und nur die Eindrücke der letzten Wochen und Monate die Basis für das neue Jahresgespräch bilden. Der Mitarbeiter erhält eine Kopie der Aufzeichnung.

Vorlage für einen Jahresgesprächsbogen

Je nach Branche und Unternehmen können die Inhalte unterschiedlich strukturiert sein. Passen Sie den Bogen an die Bedürfnisse Ihres Unternehmens an.

Name des Verkäufers:	Name der Führungskraft:

Datum des Gesprächs

1. Ziele aus dem letzten Jahresgespräch
Folgende Ziele wurden übertroffen: 1. 2. 3. 4. Folgende Ziele wurden erreicht: 1. 2. 3. 4. Folgende Ziele wurden teilweise erreicht: 1. 2. 3. 4. Stellungnahme des Mitarbeiters:

Stellungnahme der Führungskraft: Folgende Ziele wurden nicht erreicht 1. 2. 3. Stellungnahme des Mitarbeiters   Stellungnahme der Führungskraft   Falls Ziele nur teilweise oder gar nicht erreicht wurden, werden gemeinsam folgende Maßnahmen festgelegt, die der Zielerreichung dienen sollen. 1. 2. 3. 4.
2. Aufgaben und Ziele für das kommende Jahr
Folgende Ziele werden für das nächste GJ festgelegt: 1. 2. 3. 4. 5.

Folgende Ziele werden vom Mitarbeiter als besonders wichtig eingestuft: 1. 2. 3. Folgenden Zielen wird aus Sicht der Führungskraft besondere Bedeutung beigemessen: 1. 2. 3.
3. Analyse vorhandener Kompetenzen und der Entwicklungspotenziale des Mitarbeiters
4. Personalentwicklungsmaßnahmen
Potenzialanalyse: Vereinbarte Weiterbildungsmaßnahmen:

5. Sonstige Ziele und Vorstellungen des Mitarbeiters
6. Beurteilung der Leistung durch den Vorgesetzten
7. Sonstige Anmerkungen oder Vereinbarungen aus dem Gespräch
8. Wertung der Zusammenarbeit zwischen Mitarbeiter und Führungskraft
Stellungnahme des Mitarbeiters: Stellungnahme der Führungskraft:

Unterschrift Mitarbeiter	Unterschrift Führungskraft

7.4 Siebtes Gebot

Sorgen Sie für ein gutes Arbeitsklima, in dem sich die Mitarbeiter wohlfühlen und motiviert arbeiten. Zufriedene Mitarbeiter sorgen für zufriedene Kunden.

Neben der erfolgreichen Durchführung von Jahresgesprächen und der damit verbundenen Steigerung der Mitarbeiterzufriedenheit, üben weitere Faktoren Einfluss auf die Kundenzufriedenheit aus. Hierunter fällt u. a. auch die optimale Verkaufsbereitschaft, die dem Kunden das Einkaufen erleichtert und/oder sogar verschönert.

8. Kapitel

8

Optimale Verkaufsbereitschaft

Die optimale Verkaufsbereitschaft beschäftigt sich mit den Grundregeln der Warenpräsentation und deren Umsetzung am Point of Sale. Sie erleichtert dem Kunden das Einkaufen, sei es bei beratungsintensiven Produkten oder auch bei einfacher Selbstbedienung. Doch was versteht man eigentlich unter optimaler Verkaufsbereitschaft?

Keyfacts für optimale Verkaufsbereitschaft

Übersichtliche Warenpräsenz – Sauberkeit der Ware und der Warenträger – Kein Artikel ohne Preis – intelligente Selbstbedienung (der Kunde findet die Ware, ohne beim Verkäufer nachzufragen) – gemütliche, einladende Atmosphäre – Ruhezonen – professionelle Beleuchtung – freundliche Mitarbeiter – angenehme Musik – Informationen am Produkt – Fachkompetenz – erstklassige Beratung – Qualität – optimales Preis-Leistungsverhältnis – professionelle Darstellung von Saisonthemen – logisch aufgebaute Verkaufssysteme …

Die optimale Verkaufsbereitschaft beschäftigt sich mit allen Themen, die die Kundenorientierung verbessern. Je besser die Verkaufsbereitschaft, desto höher die Kundenzufriedenheit.

„Die Hefe bitte!"

Im November vor einigen Jahren war es wieder einmal so weit: Meine Frau beschloss die Vorbereitungen für den alljährlichen Adventskuchen zu starten. In dieser Zeit war ich beruflich in der Nähe eines SB-Warenhauses tätig und so bat mich meine Frau auf dem Rückweg Hefe mitzubringen. Für jemanden, der selten einkauft, führte mich mein erster Weg – raten Sie mal – genau zu den Backzutaten. Nachdem ich dort, relativ verzweifelt, keine Hefe entdeckte, wollte ich mich bereits wieder auf den Heimweg begeben und meiner Frau die traurige Mitteilung unterbreiten, dass es im gesamten SB-Warenhaus keine Hefe gibt. Jedoch stachelte mich mein schlechtes Gewissen dazu an einen Verkäufer zu suchen und nach der Hefe zu fragen. Nachdem ich fündig wurde, teilte mir der Verkäufer mit, dass ich die gesuchte Hefe im Kühlregal finden würde und nicht bei den Backmischungen oder den sonstigen Backartikeln. Völlig verblüfft, aber hoffnungsvoll, begab ich mich in die Frischeabteilung und suchte das Päckchen Hefe. Als ich abermals, wegen Erfolgslosigkeit, versucht war, die Jagd nach der Hefe abzubrechen, traf ich einen Verkäufer, der mir den Weg zu dem kleinen Artikel, Namens Hefe, zeigte.

Auf dem Rückweg, Richtung Kasse, begegnete ich erneut dem Verkäufer, der mich in die Frischeabteilung geschickt hatte. Er fragte mich, ob ich Erfolg gehabt hätte und ich nickte, mit erhobenem Daumen, siegesbewusst. Ich ging erneut auf den Herrn zu und fragte ihn, ob ich der einzige Laie sei, der bei der Suche nach der Hefe an das falsche Regal gehen würde. Zu meiner Verwunderung teilte mir der Verkäufer mit, dass ich heute der fünfte Kunde sei und im Laufe der Woche ca. 10–15 Kunden nach dem Artikel fragen würden, es sei ja schließlich Backsaison.

Daraufhin unterbreitete ich ihm den Vorschlag, ob es nicht möglich sei an dem Regal für Backzutaten ein kleines laminiertes Schild mit dem Hinweis: *„Sehr geehrter Kunde, gekühlte Hefe finden Sie im Kühlregal mit der Nummer…, wir helfen Ihnen gerne.“*, anzubringen. Der Verkäufer sah mich erstaunt an und meinte dann, dass dies durchaus eine gute Idee sei und er diesen Gedanken seinem Abteilungsleiter weitergeben würde.

Wie ging es wohl weiter?

☐ Der Verkäufer brachte tatsächlich ein Schild am Regal für Backzutaten an.

☐ Dem Verkäufer erschien es einfacher, den Kunden während der Weihnachtszeit freundlich den Weg zur Hefe zu weisen, anstatt ein Schild anzufertigen.

Als ich kurze Zeit später erneut den Auftrag erhielt Hefe einzukaufen, war an gleicher Stelle tatsächlich ein Hinweis angebracht, dass die gekühlte Hefe sich im Kühlregal mit der Nummer … befindet. Also dachte ich mir: „Geht doch!" Meine Kundenanregung wurde umgesetzt und ich fühlte mich in meiner Vorgehensweise bestätigt und empfand eine gewisse innere Zufriedenheit.

8.1 Kein Artikel ohne Preis

Die größte Sünde im klassischen Verkauf von Produkten liegt in der fehlerhaften oder nicht vorhandenen Preisauszeichnung. Dem Kunden Produkte ohne Preisauszeichnung im Verkaufsraum zu präsentieren ist ein Fehlverhalten, für das es keine Entschuldigung gibt. Verkäufer sind in der Regel sehr gut geschult, bauen tolle Aktionsflächen mit Themenwelten auf, sorgen für volle Regale, vergessen jedoch ab und zu die wichtigste Information für den Kunden – den Preis. Der Kunde schaut sich den Artikel an, findet weder einen Preis noch einen Ansprechpartner und legt den Artikel wieder zurück. Dies ist die klassische Form von Umsatz- und Imageverlust. Was nützt das beste Angebot, das größte Versprechen oder die professionellste Präsentation, wenn der Preis, als eines der wichtigsten Entscheidungskriterien, nicht erkennbar ist oder sogar fehlt? Wie und ob die Kunden die Preise wahrnehmen, ist von entscheidender Bedeutung für den Erfolg eines Unternehmens.

Worauf kommt es bei der Preisauszeichnung an?

- Zuordnung des Preises zur richtigen Ware
- Durch den Einsatz moderner Kassen befindet sich in der Regel an der Ware kein Preis mehr. Die Preisauszeichnung ist am Regal oder an alternativen Preisinformationsträgern angebracht. Eine eindeutige Zuordnung des Preises zum jeweils richtigen Produkt erleichtert dem Kunden nicht nur den Einkauf, es fördert auch die Akzeptanz gegenüber dem Unternehmen. Eine funktionierende Preisauszeichnung wird vom Kunden vorausgesetzt und erwartet.
- Eine Besonderheit existiert im Schmuckverkauf. Dort wird häufig auf die sichtbare Preisauszeichnung im Schaufenster verzichtet, um eventuellem Diebstahl vorzubeugen oder um den negativen Eindruck von sehr teuren Artikeln, die sich der Kunde eventuell nicht leisten kann, zu vermeiden.
- Leserliche Größe der Preisauszeichnung

- Oft ist eine Lupe erforderlich, um den Preis am Produkt oder am Warenträger erkennen zu können. Besonders prädestiniert hierfür sind Artikel aus dem Kosmetikbereich, bei denen auf kleinster Fläche EAN-Code und Preisinformation angebracht sind. Viele Unternehmen rühmen sich, mit einer Lupe am Regal eine besondere Serviceleistung anzubieten, anstatt über eine sinnvollere Preisauszeichnung nachzudenken oder mit den Herstellern darüber zu verhandeln. Das hat mit Kundenorientierung nicht sehr viel zu tun. Was hier als toller Service, gerade für ältere Menschen, propagiert wird, bedeutet eigentlich, dass man das Pferd von hinten aufzäumt. Die Ursache wird nicht beseitigt, sondern das immer wiederkehrende Problem nur kurzfristig gelöst.
- Richtige Preisaussagen
- Wahrheit und Glaubwürdigkeit spielen beim Preisempfinden des Kunden eine wichtige Rolle. Die Preissensibilität der Kunden wird häufig verkannt. Sicherlich ist die Preistransparenz bei vielen, nicht alltäglichen Gütern relativ schwer, dennoch kann der Kunde zwischen richtig und falsch oder realistisch und übertrieben, durchaus unterscheiden.
- Bei einer Preissenkung um beispielsweise bis zu 80 % gegenüber dem ursprünglichen Preis, besteht die Gefahr, dass die Kunden die gesamte Preisphilosophie des Unternehmens in Frage stellen.
- Klare Struktur auf den Preisschildern
- Werden Artikel reduziert, muss für den Kunden der aktuell gültige Preis deutlich erkennbar sein. Das ist bei manchen Preisauszeichnungen ganz und gar nicht der Fall. Oft werden auf einem Preisetikett sämtliche Preisreduzierungen der Vergangenheit aufgeführt, mit der Folge, dass sich der Kunde nicht mehr auskennt und den Artikel wieder zurücklegt. Weiterhin entsteht der Eindruck, dass es sich nur noch um eine Frage der Zeit handelt, bis der Artikel erneut im Preis sinkt. Also heißt es aus Kundensicht: abwarten.
- Neben der Preisauszeichnung ist die Verfügbarkeit der Artikel einer der wesentlichen Bestandteile der optimalen Verkaufsbereitschaft. Damit beschäftigen wir uns im nächsten Abschnitt.

8.2 „Muss-Artikel“ verfügbar halten

„Muss-Artikel“ sind Produkte, die in einem Warensortiment nie fehlen dürfen. Ist dies trotzdem der Fall, wird die mühsam erarbeitete Kundenzufriedenheit sehr schnell wieder abnehmen.

Vielleicht haben Sie eine solche Situation schon einmal erlebt? Sie benötigen dringend einen Artikel (Glühbirne, Butter, Brot etc.) und der gewünschte Artikel ist in dem Unternehmen ihrer Wahl nicht vorhanden.

Was tun?

Nachdem der erste Ärger verflogen ist, begeben Sie sich auf die Suche nach einer alternativen Einkaufsstätte. Sicherlich gestehen wir dem Anbieter auch einmal zu, den einen oder anderen Artikel kurzzeitig nicht vorrätig zu haben, auf die Dauer gesehen ist dieser Zustand jedoch inakzeptabel. Es existieren aber auch Produkte, für deren Fehlen der Kunde überhaupt kein Verständnis aufbringt. Stellen Sie sich vor Sie gehen in ein Lebensmittelgeschäft, sei es Discounter, Supermarkt oder SB-Warenhaus und erhalten keine Butter oder keine H-Milch – undenkbar. Die Erwartungshaltung des Kunden orientiert sich an der permanenten Verfügbarkeit der Standardprodukte oder der alltäglichen Dienstleistungen.

Möchte der Kunde wiederholt ein Produkt erwerben und genau dieser Artikel ist immerzu ausverkauft, waren alle vorherigen Bemühungen um diesen Kunden vergeblich. Sämtliche Marketingmaßnahmen und Werbekampagnen werden durch solche Out-of-Stock-Situationen (Fehlartikel) ad absurdum geführt. Deshalb muss eine solche Situation unter allen Umständen vermieden werden. Out-of-Stock-Zustände bleiben dem Kunden im Gedächtnis und erzeugen einen negativen Eindruck. Häufen sich derartige Ärgernisse, wird der Kunde mit sehr hoher Wahrscheinlichkeit die Einkaufsstätte wechseln. Gründe dafür, warum der gewünschte Artikel nicht vorrätig ist, mögen diese auch noch so berechtigt sein, interessieren den Kunden in der Regel nicht. Für ihn setzt sich zunächst das äußerst negative Erlebnis, nämlich, dass er das gewünschte Produktes nicht erhält, im Kopf fest.

Lassen Sie uns diesen Sachverhalt an einem Beispiel mit konkreten Zahlen untermauern.

Out-of-Stock führt zu dauerhaften Umsatzeinbußen

Eine junge Mutter geht mit ihrem Baby im Supermarkt einkaufen und der Einkaufswagen ist bereits gut gefüllt. Lediglich der Posten Babynahrung, „Möhrchen mit Rind", um exakt zu sein, fehlt noch im Einkaufswagen. Am Regal für Babynahrung angekommen, stellt die junge Mutter entsetzt fest, dass das Fach mit der gewünschten Sorte leer ist. Leider ist dies jedoch die einzige Geschmacksrichtung, die ihr Baby akzeptiert und isst. Wer glaubt, dass Babys alles essen was man ihnen aus dem Bereich Kindernahrung vorsetzt, hat entweder keine Kinder oder unterliegt einem gewaltigen Irrtum. Auf die Frage nach dem nächsten Eintreffen der Geschmacksrichtung „Möhrchen mit Rind" erhält die Kundin die Antwort, dass nicht genau feststehe, ob die Ware morgen wieder zur Verfügung steht. Der Lieferant hat angeblich Lieferprobleme.

Die junge Mutter wird entweder den Einkauf bezahlen und sich dann nach einer Alternative umschauen oder sie lässt den Einkaufswagen direkt stehen und sucht einen Wettbewerber auf, um das benötigte Produkt dort zu erwerben. Wird Sie innerhalb eines bestimmten Umkreises fündig, besteht die Gefahr, dass Sie das nächste Mal direkt zu der neuen Einkaufsstätte fährt, um sicher zu sein, dass die gewünschte Babynahrung auch vorhanden ist. Hat Sie sich erst einmal entschieden die Einkaufsstätte zu wechseln, wird Sie auch alle anderen Einkäufe dort erledigen. Nutzt das neue Unternehmen die Chance die Neukundin an sich zu binden, wird die junge Mutter diese Einkaufsstätte in Zukunft vermutlich vorziehen.

Wenn wir davon ausgehen, dass eine junge Mutter im Schnitt für 60,00 € pro Woche in einem SB-Warenhaus einkauft (Windeln, Babysachen, andere Ge- und Verbrauchsgüter für die gesamte Familie) und wir weiterhin annehmen, dass aufgrund der Fehlartikel nur zehn Kundinnen anderweitig ihre Einkaufsstätte wählen, verliert das Unternehmen im Jahr 31.200,00 € Umsatz.

60,00 € x 10 Kunden = 600,00 € pro Woche

600,00 € x 52 Wochen = 31.200,00€ pro Jahr

Fehlmengen oder Lücken bei Muss-Artikeln setzen eine Dynamik in Bewegung, an deren Ende weniger Gewinn für das Unternehmen steht.

Fehlartikel ➔ ausgedünnte Warenpräsentation ➔ enttäuschte Kunden ➔ weniger Kunden ➔ weniger Umsatz ➔ weniger Gewinn

„Kein Artikel ohne Preis" und die Verfügbarkeit von „Muss-Artikeln" bilden zwei der Säulen der optimalen Verkaufsbereitschaft, zu denen auch Sauberkeit und Ordnung sowie passende Beleuchtung und stimmungsvolle Musik gehören.

8.3 Ordnung & Sauberkeit, Beleuchtung & Musik

Kundenzufriedenheit drückt sich nicht nur in einem guten Preis-Leistungsverhältnis und der Verfügbarkeit der gesuchten Produkte aus, sondern wird auch massiv von Sauberkeit, Ordnung, stimmungsvoller Beleuchtung und passender Musik bestimmt.

Der optische Eindruck, den der Kunde beim Betreten und während seines Aufenthaltes im Geschäft erhält, führt zu einer individuellen Bewertung des Unternehmens. Diese Bewertung wird dann meist pauschal auf Produkte, Mitarbeiter und Service des Unternehmens übertragen. Daher ist die Forderung nach Ordnung und Sauberkeit im Verkauf mehr als berechtigt. Würden Sie in einem Restaurant speisen, in dem Hygiene und Sauberkeit nicht optimal sind?

Sauberkeit bezieht sich nicht nur auf die angebotenen Waren und Produkte, sondern auch auf die Warenträger, leider wird dies nur allzu oft vergessen. Verschmutzte Gänge, Ausgangstüren oder Arbeitsplätze schädigen das Image des Betriebs und halten den Kunden davon ab einzukaufen.

Die **Ordnung** am Arbeitsplatz im Verkauf ist meist ein Indiz für die korrekte Abwicklung der Verkäufe. Aufgeräumte Arbeitsplätze schaffen Vertrauen, unaufgeräumte hingegen vermitteln Chaos. Unterschätzen Sie nie, welchen Eindruck Sie damit beim Kunden hinterlassen. In gut geführten Unternehmen sind exzellente Sauberkeit und eine Grundordnung im Verkauf fester Bestandteil einer optimalen Verkaufsbereitschaft. Die Mitarbeiter solcher Unternehmen treten professionell auf und handeln entsprechend. Die einheitliche und saubere Arbeitskleidung trägt mit dazu bei, dies auch nach außen zu vermitteln.

Ordnung und Sauberkeit beziehen sich nicht nur auf den Innenbereich, sondern auch auf die Außenanlagen. Sorgfältig angelegte und gepflegte Grünflächen, ansprechende Gebäudefassaden, ausreichend saubere Parkplätze und klar erkennbare Hinweisschilder verbessern nicht nur das Firmenimage, sondern werden auch mit der Qualität der Produkte in Verbindung gebracht.

Kunden möchten sich in einem Geschäft wohlfühlen. Dieses Wohlgefühl steigt, wenn sich die potenziellen Kunden in einem Verkaufsraum mit ansprechender Einkaufsatmosphäre aufhalten. Hierzu zählen eine effektive Beleuchtung und eine einfühlsame und dem Sortiment angepasste Musik.

Gut gewählte **Beleuchtung** schafft Wärme und ein Gefühl des Wohlbehagens. Die Beleuchtung sollte so gestaltet werden, dass bei eher teureren Produkten der Artikel und nicht der Preis im Mittelpunkt der Ausleuchtung steht. Gerade im Bereich der hochpreisigen Produkte wirkt eine gelungene Ausleuchtung verkaufsfördernd. Bei Produkten mit einem überragenden Preis-Leistungsverhältnis hingegen verhält es sich eher umgekehrt, d. h. der Fokus wird hauptsächlich auf den Preis gerichtet. Die Beleuchtung sollte im Verkauf mehrere Funktionen erfüllen. Einerseits soll sie die Ware richtig ausleuchten, andererseits muss sie so aufgebaut sein, dass sich der Kunde durch das Licht in seiner Wahrnehmung nicht gestört fühlt. Warmes und freundliches Licht lädt zum Verweilen ein und gewisse Sortimentsteile lassen sich durch spezielle Lichteffekte besser hervorheben.

Unauffällige **Musik** fördert je nach Angebotspalette die Kauflust und versetzt den Kunden in eine angenehme Stimmung. In der Vorweihnachtszeit können Sie das bei Weihnachtsmärkten und verschiedenen Aufbauten beobachten. Eine dezente Hintergrundmusik rundet eine gelungene Verkaufsraumgestaltung ab.

Musik in Verkaufsräumen sollte immer folgende Eigenschaften besitzen:

- dezent
- wohlklingend
- saisonal
- passend zum Sortiment (Musik in Geschäften mit Mode für junge Kunden unterscheidet sich von Musik auf einem Weihnachtsmarkt)

8.4 Ansprechende Warenpräsentation

„Das Auge kauft mit“ ist eine allgemein akzeptierte These im Konsumgüterbereich. Die optimale Verkaufsbereitschaft bedient sich verschiedener Hilfsmittel, um den Kunden zum Verweilen und damit zum Kaufen zu animieren. Angefangen bei bewusst ausgelösten Emotionen, stark wirkenden Farben, bis hin zu gelungenen Aufbauten von Warenwelten bei Saisonthemen. Ein typisches Beispiel ist die Struktur von Weihnachtsmärkten. Mit viel Emotion, angenehmen Gerüchen von Zimt und Gebäck und einer zur Weihnachtszeit passenden Musik sollen Kaufanreize geschaffen werden. Die meisten Menschen sind den Verlockungen der Verpackungen oder der Atmosphäre von Präsentationen schon einmal erlegen. Sie nicht? Dann gehen Sie einmal einkaufen, wenn Sie Hunger haben.

8.4.1 Kundenwünsche an die Warenpräsentation

Kunden richten an Warenpräsentationen die unterschiedlichsten Ansprüche, die seitens des Unternehmens zu berücksichtigen sind. Zum einen will der Kunde die Produkte ohne große Verzögerung finden und dafür auch keine langen Wege in Kauf nehmen. Zum anderen möchte er gleiche Produkte und Artikel in der Nähe wissen, um besser vergleichen zu können. Ein weiteres Kriterium ist ein gut strukturiertes Kundenleitsystems, welches dem Kunden die Suche nach den gewünschten Produkten und Artikeln erleichtert und ihn zielgerichtet führt. Es existieren in verschiedenen Lebensmittelgeschäften sehr intelligent aufgestellte Hinweisschilder, die dem Kunden den Einkauf erleichtern. Beispielsweise sind auf den Tiefkühltruhen Aufsteller platziert, die dem Kunden von weitem bereits signalisieren, welche Ware sich in diesem Tiefkühlelement befindet, ob es sich hier beispielsweise um Eis, Pommes oder Pizza handelt.

8.4.2 Aktions- und Themenflächen

Besondere Ansprüche an die Warenpräsentation werden bei Aktions- und Themenflächen gestellt. Diese Aufbauten und Präsentationen müssen die Kunden begeistern, sie in Euphorie versetzen, sie animieren, die Fläche zu betreten und sich der Warenwelt auszusetzen. Warenwelten sollen auf einer klar abgegrenzten, kompakten Fläche kunden- und erlebnisorientiert aufgebaut sein. Das bedeutet, dass alle Artikel, die unmittelbar und mittelbar mit dem Thema in Zusammenhang stehen, vorhanden und dargestellt sein müssen. Der Aufbau sollte Erlebnischarakter haben und einen Aha-Effekt beim Kunden auslösen. Denken Sie beispielsweise einmal an die zahlreichen Weihnachtsmärkte in Möbeleinrichtungshäusern. Sie betreten die Aktionsfläche und staunen über einen acht Meter hohen Weihnachtsbaum, der mit großen Kugeln, Lametta und Sternen in unterschiedlichsten Farben geschmückt ist. Unter dem Weihnachtsbaum befinden sich überdimensionale Geschenkverpackungen, eingehüllt in funkelndem Geschenkpapier und um den Weihnachtsbaum fährt eine große Eisenbahn, mit dem Weihnachtsmann als Lokführer. Der Geruch von Zimt und Waffeln umgibt die Aktionsfläche und stimmungsvolle Musik rundet den gelungenen Eindruck ab.

Wenn das Ambiente und der Warenaufbau stimmen, ist der Kunde bereit, eine längere Zeit in den Verkaufsräumen bzw. auf der Aktionsfläche zu verweilen. Fühlt sich der Kunde in dem Geschäft wohl, steigert dies das Kaufinteresse und forciert damit die Kaufentscheidung. Sogenannte Impulskäufe, also nicht geplante Käufe, entstehen in Situationen, in denen der Kunde die aufgebaute Warenwelt akzeptiert und offen für eine erlebnisorientierte Warenplatzierung ist.

Werden die Ansprüche des Kunden umgesetzt, verbessert sich die langfristige Kundenzufriedenheit und damit auch die dauerhafte Kundenbindung. Eine kundenorientierte Warenplatzierung, die dem Kunden das Einkaufen erleichtert und ihn in gewisser Weise begeistert, ist Bestandteil einer optimalen Verkaufsbereitschaft.

Worauf Sie bei Aktionsflächen achten sollten

- Platzieren Sie Aktionsflächen an exponierter Stelle, beispielsweise am Eingang. So werden Kunden sofort auf die laufenden Saison-Themen aufmerksam.
- Pflegen und kontrollieren Sie Aktionsflächen regelmäßig. Sie dürfen nicht zur Reste-Rampe verkommen.
- Achten Sie bei Aktionsflächen auf saisonale Themen und wechseln Sie die Aufbauten rasch ab.
- Planen Sie Ihre Aktionsflächen mithilfe eines Saisonkalenders.

8.5 Saisonkalender

Der hier aufgeführte Saisonkalender versteht sich als Impuls- und Ideengeber zur Umsetzung von Aktionen und erhebt keinen Anspruch auf Vollständigkeit. Die Bandbreite der aufgeführten Aktionen erstreckt sich von Vorschlägen für SB-Warenhäuser und Supermärkten bis hin zu Möbeleinrichtungshäusern. Neben den saisonalen Themen sind auch allgemeine Aktionsideen aufgeführt. Je nachdem, wie bestimmte Ereignisse im laufenden Jahr fallen, müssen Aktionen wie Karneval oder Ostern in andere Monate verlegt werden oder witterungsbedingt verschoben werden. Manche Aktionen sind mehrfach genannt und können in verschiedenen Monaten umgesetzt werden.

Aktionen für ein ganzes Jahr

Januar	Februar
☐ Winterschlussverkauf (auch wenn es ihn offiziell nicht mehr gibt) ☐ Haushaltswaren-Sonderverkauf ☐ Start ins neue Jahr ☐ Büchersonderverkauf ☐ Winterparty ☐ Karneval ☐ Kunstblumen-Aktion ☐ Aufbewahren ☐ Alles rund um den Stoff ☐ „Wir trotzen dem Winter“ ☐ Ski-Aktion	☐ Karneval ☐ Valentinstag ☐ 99-Cent-Aktion ☐ Winterparty ☐ Sämereien ☐ Strumpfmarkt ☐ Topfmarkt ☐ Gesundheitswoche ☐ Vitaminwochen

März	April
☐ Der Frühling kommt (Unterbettkommode, Kleiderbügel, Wäschetonnen) ☐ Messeneuheiten ☐ Gartenmöbel ☐ Campingartikel ☐ Alles für den Garten ☐ Topfpflanzenaktion ☐ Frühjahrsputz ☐ Preisgruppenaktion (1 €, 3 € … 20 €) ☐ Ostern ☐ Backaktion ☐ Porzellan-Kilo-Aktion ☐ Schöner Wohnen mit neuen Wohnaccessoires ☐ „Wir machen Ihr Auto sommerfest“	☐ Ostern ☐ Gartensaison ☐ Korbaktion ☐ Alles für den Hausbau ☐ Hausmesse ☐ Gartenmöbel ☐ Alles für die Ferien
Mai	**Juni**
☐ Muttertag ☐ Vatertag ☐ Alles fürs Baby ☐ Großplastik-Aktion ☐ Solarleuchten ☐ Gartenmöbel ☐ Die Grillsaison beginnt	☐ Der Sommer kommt ☐ Alles zum ½-Preis ☐ Die Grillsaison beginnt ☐ Sommer-Taschenaktion ☐ Mücken- und Sonnenschutz ☐ Preisgruppenaktion ☐ Parkplatzfest ☐ Schulanfang (je nach Bundesland) ☐ Gartenmöbel ☐ Reisetaschenaktion

Juli	August
□ Urlaubsaktion □ Hitzepreise □ Gartenparty □ Sommerfest □ Schulanfang (je nach Bundesland) □ Weiße Ware-Aktion (Kühlschränke, Waschmaschine, Geschirrspüler) □ Sommerschlussverkauf (auch wenn es ihn offiziell nicht mehr gibt) □ Alles für den Urlaub □ Handtuch-Qm-Verkauf □ Gläser-Produktshow □ Alles rund ums Grillen □ Außenleuchten □ Reisezeit	□ Sommerschlussverkauf □ Urlaubserinnerungen (Bilderrahmen digital, Fotobücher) □ Grillaktion □ Herbsttrends □ Mücken- und Sonnenschutz □ Schulanfang (je nach Bundesland)
September	**Oktober**
□ Schulanfang (je nach Bundesland) □ Herbstaktion □ Korbwarenaktion □ Preisgruppen □ Alles für die Küche □ Sämereien □ Herbstfest	□ Halloween □ Grabkerzenaktion □ „Wir machen Ihren Garten winterfest“ □ Reifenwechsel □ Kalender □ Herbstputz □ Oktoberfest □ Weihnachtsmarkt □ Aufbewahren □ Strumpfmarkt □ Gestecke □ Lampen- und Leuchten-Aktion □ Einmachzeit □ Alles rund ums Auto

November	Dezember
☐ Weihnachtsmarkt ☐ Kalender ☐ Alles zum Advent ☐ Die dunkle Jahreszeit (Taschenlampen, Batterien, Glühbirnen, Energiesparlampen) ☐ Besen und Bürsten ☐ hochwertige Haushaltsartikel (Fondue, Raclette) ☐ Bücheraktion ☐ Backaktion ☐ Glassonderschau ☐ Hausmesse ☐ Spielwarenmesse ☐ Ess- und Tafelservice-Rückholaktion ☐ Kunstblumenaktion und Gestecke ☐ St. Martin ☐ Gesundheitswoche ☐ braune Ware (Fernseher, DVD-Recorder…) ☐ Neue Medien	☐ Adventskalender ☐ Silvester ☐ Nikolaus ☐ Weihnachtsmarkt ☐ Kalender ☐ Last-Minute-Geschenke ☐ Feuerwerk ☐ Markenaktion ☐ gedeckter Tisch ☐ Geschenkgutscheine ☐ Ski-Aktion

Weitere Aktionen, die Sie individuell in den Saisonkalender einbauen können:

- ☐ Eröffnungswochen
- ☐ Geburtstagswoche
- ☐ Gewinnspiele
- ☐ Gutscheinaktion
- ☐ Happy Hour
- ☐ Italienische Woche
- ☐ Jubiläumswochen
- ☐ Kinderfest
- ☐ Kundenfest – Wir feiern den Kunden!
- ☐ Landeswochen (je nach Bundesland: Bayernwoche, Bremer Woche…)
- ☐ Nimm 3 zahl 2
- ☐ Preisgaudi
- ☐ Rabattwochen (Prozente würfeln)
- ☐ Radikal-Reduziert-Wochen
- ☐ Schlemmerwoche
- ☐ Sonderverkäufe aller Art
- ☐ Sportaktionen (Fußball: WM oder EM, Olympia)
- ☐ Stadtfest (je nach Region)
- ☐ Tierwoche (alles für das Tier)
- ☐ Umbauwochen (Baustellenpreise)
- ☐ Verkaufsoffener Sonntag
- ☐ Wellnesswoche
- ☐ Weltfrauentag

Durch besondere Aktionen heben Sie sich vom Wettbewerb ab, Sie erhöhen die Kundenfrequenz und binden den Kunden stärker an das Unternehmen, frei nach dem Motto „Hier ist immer etwas los“.

Diese Unterschiede bezeichnet man als Alleinstellungsmerkmale, auf die im nächsten Kapitel näher eingegangen wird.

8.6 Achtes Gebot

Achten Sie auf optimale Verkaufsbereitschaft. Artikel ohne Preis und Out-of-Stock-Situationen darf es nicht geben. Sorgen Sie für ein angenehmes Ambiente und überraschen Sie Kunden mit gut geplanten Aktionsflächen.

9. Kapitel

USP-Faktor

9

Weihnachtsbäume sind austauschbar – der Service nicht!

„Alle Jahre wieder" ist der Titel eines bekannten Weihnachtslieds und das trifft auch auf das Prozedere des jährlichen Weihnachtsbaumkaufs zu. Ob Nordmann-Edeltanne oder Rotfichte, überall in Deutschland beginnt die Jagd nach dem perfekten Weihnachtsbaum. Ein kleines Unternehmen aus dem Fichtelgebirge trat vor ein paar Jahren mit einer erfolgreichen Idee auf den Markt. Es lieferte die Weihnachtsbäume nach Hause zu den Kunden. Jeder, der einmal selbst einen Weihnachtsbaum im eigenen Auto nach Hause transportiert hat, weiß, welche „Sauerei" das ist. Dieses kleine, aber innovative Unternehmen warb mit dem Slogan: „Sie suchen aus, wir liefern!" und hatte damit einzigartigen Erfolg. Sie waren das einzige Unternehmen in der Region, das zu dieser Zeit einen kostenlosen Lieferservice anbot.

Durch die positive Mundpropaganda sprach sich dieser Lieferservice sehr schnell herum und die Nachfrage nach den begehrten Weihnachtsbäumen überschlug sich. Die Kunden waren bereit einen etwas höheren Preis für die Bäume zu akzeptieren, wenn sie sich dafür nicht um den Transport des Baumes kümmern mussten.

9.1 Was ist ein Alleinstellungsmerkmal?

„Alle Welt isst Hühnereier", stellte Henry Ford schon vor über 150 Jahren spöttisch fest. „Ginge es ausschließlich nach Leistung, müssten eindeutig die Enten den Schnabel vorn haben – schließlich ist ein Entenei um ein Vielfaches größer und schwerer als das durchschnittliche Hühnerei. Nur verstand es die Konkurrenz im Hühnerstall eher, die Aufmerksamkeit der Kunden auf sich zu ziehen. Im Klartext: Es genügt nicht gut zu sein, wenn niemand davon weiß."[7]

Produkte und Dienstleistungen werden sich immer ähnlicher. Deshalb können sich Unternehmen am Markt nur durch klar erkennbare Unterschiede vom Wettbewerb abheben. Um sich am Markt durchzusetzen, bedarf es nicht nur eines stringenten, authentischen Erscheinungsbilds, das vom Kunden akzeptiert wird, sondern auch einer Besonderheit, die das Unternehmen vom Wettbewerb unterscheidet. Diese Besonderheit bezeichnet man als Alleinstellungsmerkmal, oder auch Unique Selling Proposition (USP).

Ein Unternehmen tut gut daran, diesen Wettbewerbsvorteil zu vermarkten und dem Kunden gegenüber klar zu dokumentieren, denn dann stehen die Chancen gut, dass Kunden das Produkt oder die Dienstleistung beim Anbieter A in Anspruch nehmen und nicht bei einem Wettbewerber von A. Dabei spielt es keine Rolle, ob der USP rationaler oder emotionaler Natur ist. Die zentrale Aufgabe des Unternehmens ist die Vermarktung des Alleinstellungsmerkmals in einer Art und Weise, dass der Kunde diesen einmaligen Kundennutzen wahrnimmt, versteht, akzeptiert und für sich als Vorteil erkennt.

Durch die Vielzahl von unterschiedlichen Medien besteht die Schwierigkeit der Unternehmen darin, den Kundenvorteil richtig zu kommunizieren und über Werbemaßnahmen den Kunden von der Vorteilhaftigkeit der Inanspruchnahme der Dienstleistung oder dem Kauf des Artikels durch den USP zu überzeugen. Machen Sie Ihren Wettbewerbsvorteil mithilfe zahlreicher Werbemittel wie Radiospots, Anzeigen, Flyer, Aufsteller, Plakaten und Social Media publik. Der Kunde muss den USP nicht nur persönlich spüren, sondern auch überall wahrnehmen. Ob es sich jedoch um ein Alleinstellungsmerkmal handelt entscheidet der Kunde nicht das Unternehmen.

Je schwieriger es für den Wettbewerb ist, das Alleinstellungsmerkmal zu kopieren, desto länger wird dieser USP im Sinne des Kunden das Unternehmen von seinen Konkurrenzunternehmen unterscheiden. Durch die Tatsache, dass bereits viele Märkte gesättigt sind, sind Alleinstellungsmerkmale die Gründe für die Identifikation des Kunden mit dem Unternehmen und seinen Produkten. Gute USP, die ei-

[7] Scherer, H., *Jenseits vom Mittelmaß: Unternehmenserfolg im Verdrängungswettbewerb*, Gabal, Offenbach, 52009, S. 24.

nen außerordentlichen Kundennutzen darstellen, binden bestehende Kunden an das Unternehmen und regen neue Kunden zum Kauf an.

Besteht die Möglichkeit, das Alleinstellungsmerkmal mit einem Patent zu versehen, ist es vor dem Wettbewerb geschützt und sichert dem Unternehmen einen bedeutsamen Wettbewerbsvorteil über einen längeren Zeitraum.

Das Alleinstellungsmerkmal hat auch eine enorme strategische Bedeutung. Gerade in der Einführungsphase eines Produkts, der durch hohe Investitionen gekennzeichnet ist, bildet ein USP die Möglichkeit deutlich den Unterschied zum Wettbewerb herauszustellen. Gelingt dies, lassen sich die Investitionskosten innerhalb des Marketings reduzieren.

Letztendlich ist das Ziel eines USP, ein bestimmtes Monopol zu schaffen, dass in der Produktbeschaffenheit begründet ist. Alleinstellungsmerkmale sind fast nicht kopierbar. Der Wettbewerbsvorteil soll den Kunden in seiner Kaufentscheidung beeinflussen, neue Kunden gewinnen und Stammkunden an das Unternehmen binden.

9.2 Wie entstehen Alleinstellungsmerkmale?

Alleinstellungsmerkmale entstehen nicht durch Zufall, sondern sind das Ergebnis genauer Analysen und exakter Planungen. Der Weg zum USP lässt sich in mehreren Schritten beschreiben:

- Unternehmensanalyse
- Umfeldanalyse
- Kundenerwartungen
- Festlegung des USP und Kommunikation nach außen

1. **Unternehmensanalyse**

Durch eine Situations- oder Unternehmensanalyse sollen die internen Stärken des Unternehmens bestimmt werden. Hierbei wird der Ist-Zustand des Unternehmens mit dem Soll-Zustand verglichen. Die Antworten auf folgende Fragen helfen, die Basis für ein Alleinstellungsmerkmal zu finden.

- Was macht die Leistung oder das Produkt des Unternehmens einzigartig?
- Wo liegen die besonderen Stärken des Unternehmens?

- Wodurch hebt sich das Unternehmen von anderen Konkurrenten ab?
- Welchen Nutzen erhält der Kunde, den er bei einem vergleichbaren Wettbewerber nicht bekommt?

2. **Umfeldanalyse**

Neben der Unternehmensanalyse ist eine Analyse des Umfelds, insbesondere des Wettbewerbs, notwendig, um einen echten USP zu entwickeln. Auch hier kann es hilfreich sein, sich mit verschiedenen Fragen zu beschäftigen.

- Welches USP existiert bereits beim Wettbewerb?
- Wie ist die Beschaffenheit der Produkte und der Dienstleistungen beim Konkurrenten, wie ist die Qualität?
- Welche außergewöhnlichen Maßnahmen im Bereich der Kundenorientierung besitzt der Wettbewerb?
- Welches sind die häufigsten Reklamationsgründe innerhalb der eigenen Branche und lässt sich daraus ein USP konstruieren?

3. **Kundenerwartungen**

Zentraler Kernpunkt, um ein USP zu entwickeln, ist die Beantwortung der Frage, was der Kunde will. In diesem Zusammenhang muss man sich fragen, welche Erwartungshaltung der Kunde an das Unternehmen hat und wie das Unternehmen diese am kundenorientiertesten erfüllen kann? Auch die Frage, wie der Kunde das Unternehmen sieht, hat Einfluss auf die Entwicklung eines Alleinstellungsmerkmals.

4. **Festlegung des USP und Kommunikation nach außen**

Nachdem nun alle Argumente und Gründe, die das eigene Unternehmen unverwechselbar machen, besprochen und dokumentiert wurden, kristallisiert sich ein Produkt-, Dienstleistungs- oder Unternehmens-USP heraus. Jetzt kommt es darauf an, das Alleinstellungsmerkmal in den Vordergrund zu stellen und es mit allen Mitteln der Kommunikationspolitik offensiv zu vermarkten. Die Werbebotschaft muss dem Kunden die Einmaligkeit signalisieren.

Alleinstellungsmerkmale können sich u. a. auf den Service rund um ein Produkt oder eine Dienstleistung beziehen oder besondere Eigenschaften eines Produktes beinhalten, wie beispielsweise der einzigartige Geschmack von Coca Cola oder der des Big Macs bei McDonalds. Ein weiteres Alleinstellungsmerkmal ist neben dem Design immer noch die Preisführerschaft, also wenn der Preis bei vergleichbarer Qualität der Produkte deutlich unter dem der Wettbewerber liegt.

9.3 Neuntes Gebot

Entwickeln Sie für Ihre Produkte und Dienstleistungen Alleinstellungsmerkmale, die Sie deutlich vom Wettbewerb abheben.

In den vergangenen vier Kapiteln standen die absolute Kundenorientierung, die optimale Verkaufsbereitschaft und das Wesen von Alleinstellungsmerkmalen im Vordergrund. Das nächste Kapitel beschäftigt sich mit einer Thematik, die idealerweise mehr als nur Kundenzufriedenheit hervorruft: Das professionelle Reklamationsmanagement Wenn Sie dieses Feld beherrschen, stärken Sie Ihre Kundenbindung ungemein.

10. Kapitel

10

Professionelles Reklamationsmanagement

Viele Unternehmen sind sich der Bedeutung einer professionellen Reklamationsbearbeitung noch nicht bewusst und vernachlässigen dieses Terrain. Dabei ist der richtige Umgang mit Reklamationen relativ einfach, sofern die Grundregeln beachtet werden.

Warteschleifen, Vertröstungen und die bange Hoffnung, dass der Kunde aufgibt

Meine Frau und ich hatten früher für Internet und Telefon zwei unterschiedliche Anbieter. Irgendwann kam uns der Gedanke, dass es vielleicht günstiger und sinnvoller wäre, wenn wir alles über einen Provider abwickeln würden. Nach Abwägen der für uns besten Alternative entschieden wir uns für den Anbieter A. Also setzte ich mich per Telefon mit dem Provider in Verbindung und man versprach uns den Wechsel umgehend zu organisieren. Im Laufe der Woche sollten wir ab Mitternacht „vom Netz genommen“ werden und maximal 24 Stunden später würde alles wieder so laufen wie früher. Sie ahnen sicherlich, was passierte – nämlich nichts. Nach 36 Stunden beschloss ich die „Hotline“ des Providers anzurufen und einmal dezent nachzufragen, was das eigentliche Problem sei, da man uns versprochen hatte, dass nach 24 Stunden alles wieder laufen würde.

Nach gefühlten 15 Minuten nahm endlich jemand mein Gespräch an. Nun fing ich an mein Problem zu schildern. Nach knapp 30 Sekunden unterbrach mich die Dame und teilte mir mit, dass sie mich weiterverbinde, um mich mit einem, in diesen Fragen kompetenten Ansprechpartner zu verbinden. Kurz darauf hatte ich einen neuen Gesprächspartner am Hörer, dem ich die Situation erneut erklärte und der mich nach ca. einer Minute erneut unterbrach und weiterverband. Meiner neuen Ansprechpartnerin erzählte, bzw. versuchte ich die Geschichte ein drittes Mal zu erzählen, aber auch hier war man nicht zuständig, entschuldigte sich und lies mir einen neuen Gesprächspartner zukommen. Diesmal war ich an der richtigen Adresse und zu meinem Erstaunen teilte mir der Mitarbeiter der Provider-Firma mit, dass das Problem mit meiner Telefonanlage zusammenhinge und ich zur Lösung desselbigen eine neue bräuchte.

Allem Ärger zum Trotz brach ich am nächsten Tag auf, eine neue Anlage, inklusive Ladestation, in einem Elektro-Fachmarkt zu kaufen.

Nach einer exzellenten Beratung entschied ich mich für ein Modell aus dem Mittelpreissegment. Zuhause angekommen wurde die Anlage installiert und der neue Provider schaffte es, die Telefonanlage über Nacht zum Laufen zu bringen. Alles funktionierte prächtig – so schien es zumindest.

Drei Wochen später stellten wir fest, dass zwar Anrufe bei uns eingingen und eine Nachricht hinterlassen werden konnte, jedoch diese nicht auf dem integrierten Anrufbeantworter angezeigt, bzw. gespeichert wurden. Freunde und Bekannte fragten uns des Öfteren, warum wir nicht zurückrufen, wenn sie uns auf den AB sprechen. Ohne diese Information wäre das Problem niemals aufgefallen, denn niemand vermutet einen Defekt beim Anrufbeantworter, wenn keine Nachrichten angezeigt werden.

Ich schnappte mir die Telefone und ging am darauffolgenden Tag in den Elektrofachmarkt, um mein Problem zu schildern. Man teilte mir mit, dass die Geräte eingeschickt werden müssen und ich per SMS informiert werde, sobald sie repariert sind. Eine SMS signalisierte mir 14 Tage später, dass unsere Telefone am Kundenservice zur Abholung bereit liegen. Nachdem wir die Geräte zuhause wieder angeschlossen hatten, testeten wir umgehend den Anrufbeantworter auf seine grundlegende Funktion – nichts.

Tags drauf stand ich mit dem gesamten Telefonpaket erneut am Kundenserviceschalter des Elektrofachmarktes und gab, schon leicht angesäuert, dem Kundendienstmitarbeiter zu verstehen, dass das alte Problem noch nicht behoben sei. Laut Aussage des diensthabenden Mitarbeiters ist an dem Gerät ein Update durchgeführt worden, um das Problem zu beheben. „Ziemlich erfolglos" entgegnete ich ihm. Er versprach mir, sich umgehend um das Problem zu kümmern und schickte das Gerät erneut zum Hersteller.

Nach exakt vier Wochen rief meine Frau beim Kundenservice an, um endlich Klarheit bezüglich unserer Telefonanlage zu erhalten. Sie bekam die Antwort, dass noch keine Information seitens des Herstellers vorliegt, sich aber jetzt ernsthaft darum gekümmert wird. Nach weiteren zwei Wochen bekam ich wieder eine SMS, in der mir mitgeteilt wurde, dass unsere Anlage zur Abholung bereit steht.

Zuhause angekommen probierten wir die Anlage erneut aus. Wiederholt gab es seitens des Anrufbeantworters nicht die gewünschte und erhoffte Reaktion. Ganz nach dem Titel des Films „Und täglich grüßt das Murmeltier", ging ich einen Tag später wieder zum Kundenservice und monierte die immer noch fehlende Funktion des integrierten Anrufbeantworters. Am Kundenservice wurde mir empfohlen, mich doch bitte mit dem Mitarbeiter direkt in der Abteilung in Verbindung zu setzen. Etwas erstaunt war ich über die Begründung „da sie im Kundenservice bereits ihr Möglichstes getan haben". Jetzt war ich richtig gespannt, was mir der Mitarbeiter im Verkauf sagen würde. Erneut begann ich unser Problem zu schildern und erklärte ihm auch, dass ich gerade vom Kundenservice kam, um zu vermeiden, dass er mich wieder dorthin zurückschicken würde.

Die Antwort des Verkäufers verwunderte mich umso mehr, da er mir mitteilte, dass er mit dem Lieferanten permanent Problem habe und die Reklamationsquote enorm hoch sei. Auf die Frage, warum er dann überhaupt Artikel dieses Anbieters verkaufe, antwortete er mir, dass er dies müsse, es sei ja schließlich sein Beruf. Ich entgegnete ihm, dass der Kunde bei dieser Art der Geschäftspolitik auf der Strecke bleibt und ob er das richtig finde? „Wenn Sie wüssten." waren seine originalgetreuen Worte, die nicht gerade dazu beitrugen mein Vertrauen in das Unternehmen zu stärken.

Wieder meiner Telefonanlage zugewandt forderte der Verkäufer mich auf, doch bitte selbst den Kontakt zum Lieferanten zu suchen, da der Kunde, seiner Meinung nach, mit einer Intervention bessere Erfolgschancen beim Lieferanten hätte, als der Elektrofachmarkt selbst. „Ich soll was?", fragte ich den Verkäufer entgeistert. Doch der junge Mann gab mir sogar die Visitenkarte des Ansprechpartners des Lieferanten und wünschte mir kalt lächelnd viel Erfolg.

Nun hatte ich die Nase gestrichen voll und verlangte den Marktleiter zu sprechen. Doch auch das Gespräch mit dem zuständigen Marktleiter brachte nicht den gewünschten Erfolg, ganz im Gegenteil, er „weinte“ sich bei mir aus, wie schwer es in der heutigen Zeit sei Ansprüche gegenüber Lieferanten durchzusetzen, und man kann ja auch nicht wegen jeder Kleinigkeit einen Prozess führen, schließlich würden dabei nur die Anwälte gewinnen. Für mich ist das aber keine Kleinigkeit antwortete ich ihm, da wir zuhause immer noch ohne Telefonanlage waren und ich die verlorene Zeit und die vielen umsonst gefahrenen Kilometer gar nicht erst aufaddieren wollte. Völlig fassungslos verließ ich den Elektrofachmarkt, den ich bis heute nicht mehr betreten habe.

Was lief hier schief?

Hier wurden von Verkäuferseite viele Fehler gemacht. Welchen halten Sie für den eklatantesten?

- □ Der Verkäufer sollte den Kunden nicht an seinen Problemen mit dem Lieferanten teilhaben lassen.
- □ Der Mitarbeiter am Kundenservice hätte auf keinen Fall in die Abteilung verweisen dürfen.
- □ Nach den vielen Ärgernissen kann der Verkäufer den Kunden nicht mit der Visitenkarte des Lieferanten im Verkaufsraum einfach stehen zu lassen.
- □ Die fehlende Benachrichtigung seitens des Kundenservice nach der zweiten Reklamation.

Sicherlich sind in diesem Fall sehr viele Fehler gemacht worden, „Wo gehobelt wird, fallen Späne“, aber der absolute Super-Gau war das Verhalten des Verkäufers in der Abteilung und des Marktleiters am Ende der Reklamationskette. Wie kann man denn den Kunden auffordern, sich mit dem Lieferanten selbst in Verbindung zu setzen? Handelt es sich um einen „Problemlieferanten“, so ist in den Jahresgesprächen zwischen Lieferant und Elektro-Fachmarkt auf die Missstände hinzuweisen und diese abzuschaffen oder der Lieferant sollte gegebenenfalls ausgelistet werden. Aber es kann doch nicht die Aufgabe des Kunden sein für seine Rechte zu kämpfen. Auch die

„Jammerei“ des Marktleiters trägt nicht dazu bei, das Vertrauen in die Aktivitäten des Unternehmens zu stärken.

Dass es auch anders geht zeigte mir drei Tage später ein Mitarbeiter aus einem anderen Elektrofachgeschäft, der unsere, bei ihm soeben gekaufte, neue Telefonanlage am gleichen Tag noch installierte und den Anrufbeantworter umgehend testete. Die Anlage funktioniert noch heute.

10.1 Das kann jedem passieren

„Wo gehobelt wird, fallen Späne“, wo Menschen arbeiten, passieren Fehler. Die meisten Kunden akzeptieren, dass die Bearbeitung von Reklamationen eine gewisse Zeit in Anspruch nimmt, sie sind auch bereit zu akzeptieren, dass Fehler vorkommen. Wofür Kunden aber überhaupt kein Verständnis haben, ist die unprofessionelle Handhabung von Reklamationen.

Ein Kunde, der mit einem Problem zu Ihnen kommt, ist in der Regel mit dem Produkt oder der Dienstleistung unzufrieden. Gelingt es Ihnen, sein Problem schnell, diskret und zu seiner Zufriedenheit zu lösen, wird aus dem vormals unzufriedenen Kunden ein zufriedener Kunde. Mitarbeiter und Führungskräfte sollten erkennen, dass die schnelle und effektive Bearbeitung einer Reklamation ein dauerhaftes Kundenbindungsinstrument sein kann, sofern die Reklamation zur Zufriedenheit des Kunden gelöst wird.

Kunden, die nach einer Reklamation zufrieden sind, weil die Reklamation in ihrem Sinne gelöst wurde, weisen eine stärkere Bindung an das Unternehmen auf, als Kunden, die keine Reklamation hatten.

10.2 Grundsätze des Beschwerdemanagements

Die Begriffe Beschwerde und Reklamation unterscheiden sich hinsichtlich ihrer rechtlichen Bedeutung. Als Beschwerde wird allgemein die Äußerung eines Kunden bezeichnet, mit der er seine Unzufriedenheit zum Ausdruck bringt, verbunden mit der Bitte oder Forderung, den Sachverhalt zu ändern, zu verbessern oder abzustellen. Beschwerden begründen keinen Rechtsanspruch. Eine Reklamation hingegen ist der Hinweis eines Kunden auf einen Zustand, der tatsächlich mangelhaft oder fehlerhaft ist und einen Rechtsanspruch auf Reparatur, Ausbesserung oder Umtausch begründet. Die Begriffe Beschwerde und Reklamation werden im Folgenden synonym verwendet.

Auf den nächsten Seiten werden Maßnahmen vorgestellt, mit deren Hilfe Reklamationen oder Beschwerden unkompliziert gelöst werden können, um eine nachhaltige Kundenbindung aufzubauen.

Grundregeln für das Reklamationsmanagement

R= Regeln festlegen

E= ehrlich sein

K= keine falschen Erwartungen wecken

L= Lösungen suchen und umsetzen

A= alle Beschwerden ernst nehmen

M= Machtspiele produzieren nur Verlierer

A= Analyse der Beschwerde

T= Toleranz gegenüber Kollegen

I= Innovationen nutzen

O= ohne Kompetenz der Mitarbeiter kein Beschwerdemanagement

N= Netzwerke nutzen

R = Regeln festlegen

Verbindliche Regeln der Beschwerdebearbeitung geben den Mitarbeitern Sicherheit und Orientierung. Zu diesen Regeln zählen Schnelligkeit, Art der Ansprache, Verständnis und vor allem Kulanzspielräume. Sorgen Sie dafür, dass alle Mitarbeiter bei einer Beschwerde den gleichen Maßstab anlegen und die gleiche Vorgehensweise an den Tag legen, da sich Ungleichbehandlung von Kunden schnell herumspricht und für Kundenunzufriedenheit sorgt. Sicherlich müssen Reklamationen individuell bearbeitet werden, jedoch sollte die Herangehensweise die gleiche sein.

E = Ehrlich sein

„Ehrlich währt am längsten“, Fehler einzugestehen ist keine Schande. Die meisten Kunden haben durchaus Verständnis für Fehler und sind auch bereit sie zu akzeptieren. Nur ehrlich müssen Sie sein. Gehen Sie offensiv mit dem Thema um und teilen Sie dem Kunden zu Beginn des Gesprächs mit, dass Ihnen oder Ihrem Unternehmen ein Fehler unterlaufen ist und Sie sich dafür auf ganzer Linie entschuldigen. Vergessen Sie jedoch nicht, aus Ihren Fehlern zu lernen.

K = Keine falschen Erwartungen wecken

Versprechungen wecken Erwartungen und führen zu Enttäuschungen, wenn diese nicht eingehalten werden. Behandeln Sie alle Kunden gleich. Versprechen Sie nichts, was Sie später nicht einhalten können.

L = Lösungen suchen

Vermeiden Sie jegliche Diskussion mit dem Kunden, um ihm die Gründe für die Reklamation zu erläutern. Unterlassen Sie Schuldzuweisungen, präsentieren Sie ihrem Kunden vielmehr Lösungen. Ursachenforschung hat ihre Berechtigung, um interne Prozesse zu durchleuchten und zu verbessern, eignet sich jedoch nicht für eine Diskussion mit dem Kunden. Für den Kunden sind nur konkrete Lösungen akzeptabel.

A = Alle Beschwerden ernst nehmen

Menschen, die eine Beschwerde vorbringen, haben in der Regel ein Problem mit dem Produkt oder der in Anspruch genommenen Dienstleistung. Daher muss jede Beschwerde ernst genommen, bearbeitet und im Sinne des Kunden gelöst werden.

M = Machtspiele produzieren nur Verlierer

Gewonnene Machtspiele mit dem Kunden schaffen vielleicht kurzfristigen Erfolg, langfristig sind sie der Untergang des Unternehmens. Fühlt sich der Kunde als Verlierer, wird er Ihr Unternehmen in Zukunft meiden und Negativ-Propaganda verbreiten, auch wenn er im Unrecht war.

A = Analyse der Beschwerde

Eine genaue Analyse der Beschwerde ist die Grundlage einer effektiven Bearbeitung. Insbesondere die Beantwortung elementarer Fragen hilft, die Reklamation im Sinne des Kunden zu lösen und bildet die Basis eines professionellen Beschwerdemanagements.

- Was ist der Hauptbestandteil der Beschwerde?
- Was will der Kunde?

- Welche wesentlichen Elemente sind der Anlass für diese Reklamation?

Wichtiges vom Unwichtigen trennen und den Kern der Beschwerde zu definieren, sind die Hauptaufgaben bei der Beschwerdeanalyse.

T = Toleranz gegenüber Kollegen

Ein Mitarbeiter, der vor Kunden als Schuldiger abgestempelt wird, lässt sich für das Thema Kundenorientierung nicht mehr begeistern. Der Mitarbeiter sollte offiziell nach außen beschützt werden und erst später intern auf seine Verfehlungen angesprochen werden.

I = Innovationen nutzen

Aus Reklamationen lernen ist eine der größten Innovationsquellen im Unternehmen. Jede Reklamation entwickelt ein Unternehmen weiter, da sich neue Sachverhalte ergeben, die optimiert und verbessert werden können, um dem Kunden den Einkauf zu erleichtern.

O = Ohne Kompetenz der Mitarbeiter keine Ergebnisse

Freundliche und kompetente Mitarbeiter wirken hilflos, wenn sie keine Befugnisse haben, um Entscheidungen zu treffen. Verkäufer müssen und sollen Reklamationen kundenorientiert bearbeiten können, wenn der Rahmen vorher abgesteckt wurde.

N = Netzwerke nutzen

Kontakte zu anderen Abteilungen im Unternehmen, außerhalb des Beschwerdemanagements oder zu anderen Filialen können bei der Lösung einer Reklamation helfen. Vielleicht gibt es in anderen Filialen ähnlich gelagerte Beschwerden, die dort auf eine elegante und kundenfreundliche Weise bearbeitet wurden oder der vorhandene Erfahrungsschatz der dortigen Kollegen dient zur Lösung des Problems. Vorhandene Netzwerke erleichtern die Abwicklung und Bearbeitung von Reklamationen.[8]

10.3 Soll ich wirklich reklamieren?

Über Beschwerden wird viel geredet. Allerdings vermeiden die meisten Kunden trotzdem den direkten Kontakt mit dem Beschwerdeverursacher. Oft scheinen die Mühe und die Anstrengung den Aufwand einer Reklamation nicht wert oder die Kunden beanstanden nichts,

---

[8] In Anlehnung an Haeske Udo, Kommunikation mit Kunden, 2008, S. 101.

weil sie der Meinung sind, dass das Einreichen der Beschwerde sowieso nichts bringt.

Auf der anderen Seite neigen Kunden aber auch dazu, Beschwerden zu dramatisieren. Dies wäre nicht weiter von Bedeutung, wenn nicht das Image des Unternehmens in Mitleidenschaft gezogen würde. Bedenken Sie, dass eine unbefriedigend bearbeitete Reklamation dazu führt, dass negativ über das gesamte Unternehmen gesprochen wird, auch wenn es sich vielleicht um den Fehler oder das Versehen eines einzigen Mitarbeiters handelt oder das Unternehmen nicht ursächlich für die Reklamation verantwortlich ist. Animieren Sie Ihre Kunden dazu, sich bei Problemen an das Unternehmen zu wenden. Stellen Sie Möglichkeiten zur Verfügung, damit der Kunde seine Beschwerde äußern kann, sei es durch gut sichtbare Beschwerde-Briefkästen innerhalb Ihres Unternehmens oder eine Feedback-Seite auf der unternehmenseigenen Homepage. Nichts ist gefährlicher für ein Unternehmen, als der stille Rückzug des Kunden.

Ein Negativerlebnis wird deutlich schneller und intensiver weitererzählt, als ein positives Erlebnis, zumal positive Ereignisse des Öfteren überhaupt nicht kommuniziert werden. Lassen Sie mich diese Tatsache an zwei Beispielen verdeutlichen.

Ein Schüler darf, aufgrund seiner schulischen Leistungen, das Schuljahr wiederholen. Diese Nachricht wird wie ein Lauffeuer in der Nachbarschaft die Runde machen. Wohnt hingegen in der gleichen Straße ein hochbegabter Mitschüler, der das Schuljahr als Jahrgangsbester abgeschlossen hat, erfährt man dies gelegentlich bei Gesprächen zwischen Tür und Angel, also eher nebenbei.

Stellen Sie sich einmal vor, Sie gehen mit Begleitung in ein Restaurant und das Essen hat Ihnen nicht geschmeckt, das Salatdressing war zu sauer und das Entrecote mit Sehnen durchzogen. Die meisten Gäste antworten auf die Frage, ob ihnen das Essen gemundet hat mit „Ja“, obwohl genau das Gegenteil der Fall war, vielleicht noch ergänzt durch die Aussage die servierte Portion sei viel zu viel gewesen. Die wenigsten Menschen sagen ehrlich, dass es ihnen nicht geschmeckt hat. Schließlich könnte es sein, dass man seine Meinung dann auch noch rechtfertigen müsste. Eine typische Reaktion ist vielmehr die „schweigende Bestrafung“, ganz nach dem Motto „Die werden schon sehen, was sie davon haben“.

Viele Kunden ziehen die defensivere Variante vor und beschließen, das Unternehmen nicht mehr zu betreten oder die Dienstleistung nicht mehr in Anspruch zu nehmen. Die Mehrheit der Kunden gibt somit dem Unternehmen nicht einmal die Chance zur Wiedergutmachung. Diese Kunden bilden in der Konsumlandschaft keine Ausnahme, sondern sind eher die Regel. Häufig wechseln Kunden den Anbieter oder Lieferanten, ohne zu reklamieren – das betroffene Unternehmen erfährt von dem Kundenverlust meistens nicht oder zu spät.

Nur ein Bruchteil aller Reklamationen wird öffentlich, bzw. dem Unternehmen mitgeteilt. Deshalb sollten Sie sich um jede einzelne Beschwerde kümmern und diese als Chance und nicht als Bürde sehen.

10.4 Herzlichen Glückwunsch, Sie haben eine Reklamation

Aus Sicht des Unternehmens bedeuten Reklamationen in der Regel Ärger, Arbeit und Zeitaufwand ohne unmittelbaren Umsatz. Somit werden die meisten Reklamationen als unangenehm empfunden. Viele Verkäufer betrachten eine Reklamation als lästig und fühlen sich oft nicht zuständig oder sogar persönlich angegriffen, wenn der Kunde eine Beschwerde äußert.

Dabei bieten Kundenreklamationen eine hervorragende Gelegenheit, Schwächen im Unternehmen zu entdecken und zu beseitigen. Deshalb: Freuen Sie sich, wenn Sie eine Reklamation haben! Und das ist durchaus ernst gemeint. Jede Reklamation ist eine Chance, aus einem unzufriedenen Kunden einen zufriedenen Kunden zu machen. Jede Beschwerde ermöglicht dem Unternehmen Abläufe zu durchdenken und Verbesserungen vorzunehmen, damit in Zukunft diese Art der Reklamation nicht mehr vorkommt.

Vermitteln Sie Ihrem Kunden den unbedingten Willen, dass Sie helfen wollen das Problem zu lösen. Entschuldigen Sie sich bei ihm für das Ärgernis und unternehmen Sie Ihr Möglichstes, um den Kunden nicht nur zufriedenzustellen, sondern ihn auch noch zu begeistern.

Eine Kundenreklamation ist eine großartige Informationsquelle. Diese Informationen sind für das Unternehmen außerdem kostenlos. Allerdings zwingen sie Sie auch zum Handeln, wenn die Reklamation öfters auftritt. Viele Kunden meiden bei der zweiten oder dritten Reklamation das Unternehmen, ohne nochmals den Versuch der einvernehmlichen Regelung in Anspruch zu nehmen. Übersetzt bedeutet das: Der Kunde ist verloren. Der Umgang mit Reklamationen ist eine einmalige Chance, Strukturen zu analysieren und Abläufe zu optimieren. Die positive Einstellung zur Bearbeitung von Reklamationen muss vom Top-Management vorgelebt und vom Middle- und Lower-Management umgesetzt werden, ansonsten wird bei den Mitarbeitern eine Reklamation als etwas Negatives gesehen.

So profitieren Sie von professioneller Reklamationsbearbeitung

- Der Kunde ist zufrieden und wird Sie weiterempfehlen.
- Reklamationen zeigen Schwächen im Unternehmen auf und geben Ihnen die Chance diese zu verbessern. Somit kommt es zu einer Verbesserung der Abläufe und Prozesse.
- Schnelligkeit und Flexibilität der Verkäufer im Umgang mit Reklamationen werden gefördert. Eine professionelle Reklamationsbearbeitung gibt dem Verkäufer Sicherheit in der Bearbeitung.
- Qualitätsverbesserung, da alte Fehler bei der Reklamationsbearbeitung reduziert werden.
- Der Kunde weiß, dass ihm geholfen wird. So etwas schafft Vertrauen.
- Der Kunde baut eine persönliche Beziehung zum „Reklamationslöser“ auf.
- Der Kunde verlässt das Geschäft mit einem „guten Gefühl“.

Streng genommen, sollte sich das Interesse eines Unternehmens während einer Reklamationsbearbeitung nur auf die Erwartungen seiner Kunden konzentrieren. Der Kunde erwartet ohnehin eine exzellente Abwicklung seiner Reklamation. Ist er aber von der Art der Abwicklung positiv überrascht, wird er immer wieder in diesem Unternehmen einkaufen. Er fühlt sich bei einer Beschwerde in ihrem Unternehmen gut aufgehoben.

10.5 Erwartungshaltung des Kunden

Viele Unternehmen geben horrende Summen für externe Beratungsunternehmen aus, um festzustellen an welchen Stellen im Unternehmen Optimierungsbedarf besteht. Die meisten Betriebe könnten sich dieses Geld teilweise oder ganz sparen, wenn sie auf die Stimme und die Meinung ihrer Kunden hören würden. Die eigenen Mitarbeiter und die Kunden sind die besten und größten Informationsdateien zur Optimierung von Arbeitsabläufen. Nehmen Sie die Meinung Ihrer Kunden ernst und berücksichtigen Sie deren Wünsche.

Die Erwartungen der Kunden bei der Bearbeitung von Beschwerden werden weniger am Produkt oder der Dienstleistung des Unternehmens festgemacht. Vielmehr hofft er auf eine schnelle und zuvorkommende Abwicklung seiner Reklamation. Kunden akzeptieren Fehler und sind auch bereit, dem Unternehmen eine zweite Chance zu gewähren. Leider werden Reklamationen häufig nicht so bearbeitet, wie der Kunde dies erwartet. Er muss oft um die Gewährleistung oder die Durchsetzung seiner Ansprüche kämpfen und vermisst auch das Fingerspitzengefühl der Verkäufer im Umgang mit Reklamationen. Dies stärkt nicht gerade das Vertrauen in die Serviceorientierung des Unternehmens.

Die Kernfrage lautet:

Wie wird aus einem unzufriedenen Kunden ein zufriedener Kunde?

Um diese Frage beantworten zu können, sollten Sie zunächst überlegen, welche Erwartungen der Kunde hat. Da Sie selbst auch Kunde sind, kennen Sie hier durchaus die Benchmark. Was erwarten Kunden – also Sie – wenn eine Reklamation vorliegt?

i

Das erwarten Kunden, wenn sie reklamieren

Hilfsbereitschaft – Freundlichkeit – Schnelligkeit – Lösungen – Wiedergutmachung – Einhaltung von Versprechungen –– anstandsloser Umtausch – Entschuldigung – ungeteilte Aufmerksamkeit – Zustimmung – keine Diskussionen bezüglich des falschen Gebrauchs – Zufriedenheit – keine Ausreden – Ehrlichkeit ...

Werden diese Anforderungen erfüllt, bleiben Kunden dem Unternehmen weiterhin treu und geben ihre positive Erfahrung gerne weiter.

Erkenntnisse, die sich daraus ableiten lassen:

- Der Verkäufer widmet sich ausschließlich der Lösung der Beschwerde und nicht dem persönlichen Interesse des Mitarbeiters.
- Die Klärung der Schuldfrage löst nicht die Beschwerdesituation.
- Nicht ins Wort fallen, nicht arrogant wirken und sich wegdrehen, keine Belehrungen, sondern uneingeschränktes Zuhören und ungeteilte Aufmerksamkeit stehen im Vordergrund.

- Stimmlage, Mimik und Gestik sind genauso wichtig, wie das gesprochene Wort.

Eine Grundvoraussetzung für professionelles Beschwerdemanagement ist die Fähigkeit, eine Reklamation nicht als Kritik an der eigenen Person, sondern als Herausforderung für das Unternehmen und die eigene Kompetenz zu verstehen. Entscheidend ist der Weg der Bearbeitung einer Reklamation. Einheitliches Vorgehen, Kulanz, Sachverstand und Fingerspitzengefühl sind nur einige Schlagwörter, die einem professionellen Reklamationsmanagement Struktur verleihen. Im folgenden Kapitel werden verschiedene Stufen des professionellen Reklamationsmanagements erläutert.

10.6 Grundsätze des professionellen Reklamationsmanagements

Reklamationen werden in vielen Unternehmen professionell erfasst, bearbeitet und im Sinne des Kunden gelöst. Was meist fehlt, ist der Ursache der Beschwerde auf den Grund zu gehen, um eine Wiederholung der Reklamation für die Zukunft zu vermeiden.

Professionelles Reklamationsmanagement zeichnet sich durch klar strukturierte Regeln und eine einheitliche Vorgehensweise aus. Wesentliche Kriterien und Verhaltensweisen sind in den folgenden Grundsätzen aufgeführt.

- **Der erste Kontakt**

Die Entgegennahme einer Reklamation erfolgt freundlich und mit Demut, um bereits an dieser Stelle besänftigend auf den Beschwerdeführer einzuwirken. Bei der Auswahl der Mitarbeiter, die Kundenreklamationen entgegennehmen, sollte ein großes Augenmerk auf die Gelassenheit, die Charakterstärke und die Einstellung zu Reklamationen gelegt werden. Der erste Kontakt hat eine große Bedeutung für die Abwicklung von Beschwerden, da bereits zu Beginn die Option der Entschärfung oder der Eskalation manifestiert ist. Für den ersten Kontakt gibt es, ähnlich wie beim Verkaufsgespräch, keine zweite Chance.

- **Klare Strukturen und fachliches Know-how**

Kenntnisse in der Sache und in den Abläufen sowie Wissen bei rechtlichen Fragen geben Sicherheit und helfen die Beschwerde schneller aufzulösen. Gute Verkäufer ergänzen die professionelle Reklamationsbearbeitung durch Freundlichkeit und Hilfsbereitschaft.

Eine fachliche Qualifikation ist die Grundvoraussetzung zur erfolgreichen Bearbeitung einer Beschwerde. Der Mitarbeiter wird vom Kunden nur respektiert und akzeptiert, wenn dieser eine fachmännische Handhabung der Reklamation an den Tag legt. Der Wissensstand, wie eine Reklamation im Unternehmen gehandhabt wird, ist leider nicht bei jedem Mitarbeiter gleich. Eindeutige Regeln und regelmäßige Schulungen sorgen für ein durchgehend hohes Niveau bei der Bearbeitung von Kundenreklamationen. In vielen Unternehmen existiert eine klare Struktur, wer, was mit welcher Befugnis bearbeiten darf und soll.

- **Zeitfaktor**

Bei der Bearbeitung von Beschwerden stellt die Geschwindigkeit einen nicht zu unterschätzenden Faktor dar. Viele Menschen, die eine Beschwerde haben, werten es als positiv, wenn sich umgehend „der Sache angenommen" wird. Verstärkt wird dieser positive Effekt durch das Ergänzen von Begriffen wie selbstverständlich, sofort oder umgehend. Gelingt es dem Unternehmen die Reklamation zügig, ohne großes Aufsehen und im Sinne des Kunden zu lösen, wird dieser das Unternehmen, trotz Beschwerde, weiterempfehlen.

- **Versprochen ist versprochen**

Werden Reklamationen direkt mit dem Kunden besprochen, neigen Verkäuferdazu Vergünstigungen oder Zugeständnissen anzubieten. Jedoch sollte nur das versprochen werden, was auch eingehalten werden kann. Nichts ist für den Verkäufer peinlicher und für den Kunden unverständlicher, wenn Dinge, die zugesagt nicht eingehalten werden.

- **Grundsatzfragen**

Das Beschwerdemanagement wird erleichtert, wenn gewisse Details beachtet werden.

Jede Beschwerde ist ernst zu nehmen, da der Kunde offensichtlich mit der Leistung des Unternehmens ein Problem hat. Somit ist auch jede Reklamation aus Kundensicht berechtigt, unabhängig von der Tatsache, dass das Unternehmen diese Art der Beschwerde schon öfters vorliegen hatte. Für den Kunden ist sie neu.

- Existiert für das Aufnehmen und die Bearbeitung einer Beschwerde ein eigener Raum oder findet die Diskussion mit dem Kunden im Verkaufsraum statt?

- Sind die Mitarbeiter, die mit der Reklamationsbearbeitung unmittelbar konfrontiert werden, bestens ausgebildet und kennen sich in der Materie aus oder sind es eher Reklamationsempfänger ohne praktischen Bezug zu den Produkten und Dienstleistungen des Unternehmens?

- Wie lange dauert die Reklamationsaufnahme und in welchen regelmäßigen Abständen wird der Kunde über den Stand der Bearbeitung informiert?

Die Beantwortung dieser Grundsatzfragen gibt Aufschluss über das Verhalten des Unternehmens bei Reklamationen und ob das Beschwerdemanagement ernst genommen wird.

- **Ehrlichkeit**

Fehler zuzugeben ist Stärke, Fehler zu vertuschen ist Schwäche. Viele Mitarbeiter oder Führungskräfte, die versuchen eigene Fehler unter den Tisch zu kehren, sind hilflos oder haben Angst vor dem Management einer Reklamation. Der Kunde ist bereit Fehler zu verzeihen, wenn diese offensichtlich sind und zugegeben werden. Der Kunde möchte sich auf keine lange Diskussion mit dem Verkäufer einlassen und er will auch nicht hören, wie die Reklamation zustande gekommen ist und ob der Lieferant schuld ist. Ehrlichkeit schlägt Lüge und wird vom Kunden, gekoppelt mit einer Entschuldigung, respektiert

- **Schuldfrage ausklammern**

Die Schuldfrage sollte in der Bearbeitung der Reklamation nicht beantwortet werden. Sie leistet zur Lösung des Problems keinen Beitrag. Für den Kunden ist es zweitrangig wer die Reklamation verursacht hat. Nur der Dienst am Kunden, d.h. die Lösung des Problems, steht im Vordergrund. Wird versucht die Schuldfrage zu klären, werden in aller Regel Emotionen freigesetzt, die den Lösungsprozess behindern. Die Frage nach der Schuld sollte erst gar nicht gestellt werden.

- **Zuhören**

Den Kunden ausreden lassen, ihm zuzuhören, ihm nicht ins Wort zu fallen und mit Geduld die Beschwerde entgegen zu nehmen, sind Gaben, die in der heutigen schnelllebigen Welt leider immer mehr verloren gehen. Dem Kunden Zeit und die volle Aufmerksamkeit zu widmen, sind unbezahlbare Kompetenzen innerhalb eines professionellen Beschwerdemanagements.

Die besten Theorien laufen ins Leere, wenn nicht ein konkreter Lösungsansatz zum Erfolg führt. Im nachfolgenden Kapitel wird **eine** Möglichkeit aufgezeigt eine Reklamation zu lösen.

10.7 Beschwerdemanagement in 5 Schritten

Am Anfang der Beschwerdebearbeitung stehen eine Entschuldigung für die entstandenen Unannehmlichkeiten und Verständnis für die Beschwerde. Danach wird die Reklamation Schritt für Schritt analysiert und zum positiven Abschluss gebracht.

Schritt 1: Entschuldigung

Mit der Entschuldigung fängt alles an. Dem Kunden wird signalisiert, dass er und seine Beschwerde ernst genommen werden. Sich zu entschuldigen bedeutet nicht mehr, als die Annahme der Reklamation und der Versuch ein persönliches Verhältnis aufzubauen. Wie die Beschwerde angenommen wird und die fachliche Qualifikation der Mitarbeiter im Beschwerdemanagement bilden den Einstieg. In erster Linie soll eine weitere Eskalation vermieden werden. Schwerpunkte bei der Annahme der Reklamation sind das uneingeschränkte Zuhören und das Aussprechen des Wortes „Entschuldigung“.

Schritt 2: Bestätigung

Der Kunde rechnet damit, sich zumindest für die Beschwerde rechtfertigen zu müssen oder mit seinem Gegenüber über die Annahme der Reklamation zu streiten. Er stellt sich emotional auf diese Aufgabe ein. Umso überraschter ist er, wenn für seine Beschwerde Verständnis aufgebracht wird und er in seiner Handlung bestätigt wird. Sätze wie: „Ich kann Ihren Ärger durchaus nachvollziehen.“, oder „Das war aber besonders ärgerlich für Sie.“, gepaart mit leichtem Kopfnicken stellt den Kunden vor eine emotional völlig neue Situation. Er fühlt sich bestätigt, Ärger und Druck weichen. Einem produktiven Gespräch zur Lösung des Problems steht nun nichts mehr im Wege.

Das Ausdrücken von Bedauern bestätigt den Kunden in seinem Handeln. Durch dieses Bedauern wird Verständnis gezeigt und dem Kunden signalisiert: „Hier sind Sie richtig.“ Durch die Bestätigung der Beschwerde weiß der Kunde, dass er seine Reklamation an der richtigen Stelle vorbringt. Ärger und Enttäuschung werden gemildert und gemeinsam Lösungsansätze lassen sich diskutieren.

Schritt 3: Isolation des Beschwerdekerns

Zu erkennen, weshalb reklamiert wird und welches Problem dahinter steckt, stehen hier im Vordergrund. Viele Kunden drücken sich am Anfang etwas missverständlich aus, übertreiben und dramatisieren den Inhalt der Beschwerde, somit bedarf es ein wenig Zeit, um zu erkennen, worum es sich im Kern der Reklamation handelt. Gezieltes Nachfragen hilft, um das Problem einzukreisen und weiterer Argumente auszuschließen.

Schritt 4: Erwartungen des Kunden filtern

Der Kunde erwartet eine schnelle und einfache Lösung seiner Beschwerde, nicht mehr, aber auch nicht weniger. Ebenso sollte jede vorgetragene Reklamation ernsthaft und respektvoll behandelt werden. Dies gilt selbstverständlich auch für den Beschwerdeführer. Schnelligkeit und Kulanz runden die Erwartungshaltung des Kunden ab.

Schritt 5: Win-win-Situation erzeugen

Die Lösung einer Reklamation gilt dann als gelungen, wenn beide Seiten zufrieden sind, sich also eine Win-win-Situation ergibt. Jedoch ist zu beachten, dass an erster Stelle immer die Zufriedenheit des Kunden steht und erst danach die Belange des Unternehmens rangieren.

Die Lösung der Reklamation kann zunächst einmal im Unternehmen Kosten verursachen. Wenn es gelingt, trotz oder gerade wegen einer Reklamation, den Kunden an das Unternehmen zu binden, ist dies die Investition wert. Die angefallenen Kosten werden sich innerhalb kürzester Zeit amortisieren. Nach dem gemeinsamen Abschluss sollte das Ergebnis nochmals festgehalten und zusammengefasst werden, damit auf beiden Seiten keine Missverständnisse entstehen.

Am Ende des Reklamationsgesprächs signalisiert der Mitarbeiter dem Kunden, dass er sich bei etwaigen Problemen oder Fragen gerne auch in Zukunft an ihn wenden kann. Eine Visitenkarte ist hierbei sehr hilfreich, da der Kunde nun einen direkten Ansprechpartner hat. Der Verkäufer dankt dem Kunden zum Schluss nochmals für sein Verständnis.

Haben alle Mechanismen gegriffen, verlässt der Kunde das Unternehmen als Freund.

Ausnahmesituation

Leider lassen sich nicht alle Reklamationen so einfach lösen. Drehen sich die Forderungen des Kunden und das Angebot des Unternehmens im Kreis, lässt sich mit dem obigen Lösungsansatz kein Konsens erzielen. Es gibt Kunden, auch wenn diese in der Minderheit sind, die lediglich darauf aus sind, möglichst viel Profit aus der Reklamation zu schlagen. Bei überzogenen Forderungen oder fehlender Bereitschaft des Kunden Kompromisse einzugehen, müssen klare Regularien, wie beispielsweise die Festlegung der Obergrenze des finanziellen Spielraums den Mitarbeiter unterstützen. Werden diese Grenzen überschritten, sind dem Verkäufer die Hände gebunden.

Bringt jegliche weitere Diskussion in der Sache nicht den gewünschten Erfolg, beziehen Sie den Kunden aktiv in die Lösung des Problems mit ein, indem Sie ihn fragen, welche Alternativen er zur Lösung des Problems vorschlägt.

„In welcher Form wäre eine Lösung des Problems für Sie akzeptabel?“

„Was schlagen Sie vor?“

Nun erfahren Sie die Maximalforderung des Kunden und ob er bereit ist einen Kompromiss einzugehen. Liegt seine Forderung weit über dem von Ihnen angedachten Rahmen, teilen Sie dies dem Kunden höflich, aber bestimmt mit. Informieren Sie ihn, dass diese Forderungen aus Ihrer Sicht und aus Sicht des Unternehmens überzogenen sind und es Ihnen sehr leid tue. Fassen Sie zum Schluss die bisherigen Lösungsansätze zusammen und führen Sie dem Kunden nochmals vor Augen, was Sie ihm angeboten haben. Kristallisiert sich immer noch keine Lösung heraus, sollten Sie das Gespräch beenden und sich zurückziehen. Wiederholen Sie hierzu nochmals den letzten von Ihnen erstellten Lösungsvorschlag.

„Es tut mir leid, aber mehr kann ich Ihnen, bei aller Kulanz, nicht anbieten“.

Einigung um jeden Preis?

Ein Kunde hat einen Kaffee-Vollautomaten, im Wert von 350,00 € erworben. Nach einiger Zeit stellt sich heraus, dass die Maschine einen leicht zu behebenden technischen Defekt aufweist.

Der Kunde bringt den Kaffee-Vollautomaten zum Händler zurück und möchte vom Unternehmen eine angemessene Entschädigung. Der Verkäufer bietet dem Kunden, neben der kostenlosen Reparatur, noch den finanziellen Ausgleich der Fahrkosten an. Dem Kunden reichen die Vorschläge nicht aus. Um die Reklamation schnell und im Sinne des Kunden zu lösen, bietet der Verkäufer zusätzlich noch einen Einkaufsgutschein in Höhe von 25,00 € an. Erneut lehnt der Kunde diesen Vorschlag ab. Daraufhin fragt der Verkäufer den Kunden, was er sich denn vorstelle. Er verlangt, neben der kostenfreien Reparatur und der Erstattung der Fahrtkosten den vollen Verkaufspreis als Wiedergutmachung. Der Verkäufer empfindet die Forderung als überzogen und signalisiert dem Kunden, dass dies nicht möglich sei. Er listet ihm nochmals die angedachten Maßnahmen auf und teilt dem Kunden mit, dass er Verständnis für den Ärger habe, aber mehr leider nicht möglich sei. Der Kunde beharrt partout auf seiner Forderung und ist zu keinem Kompromiss bereit, somit ist das Ende der Bemühungen um eine gütliche Lösung der Reklamation erreicht. Jetzt verweist der Verkäufer auf seinen Vorgesetzten, für ihn ist der Fall erledigt. Sollte auch hier keine Einigung erzielt werden, können im Extremfall die Anwälte der Parteien eine Lösung finden.

Beachten Sie: Hier handelt es sich um eine Ausnahmesituation und diese Methode sollte nur angewandt werden, wenn überhaupt keine andere kundenorientierte Lösung umsetzbar ist.

Unternehmensleitung in der Pflicht

✔

Die Vorgehensweise bei der Bearbeitung von Reklamationen muss von der Unternehmensleitung vorgegeben werden. Nur so lassen sich einheitliche Richtlinien unternehmensweit umsetzen und für die Mitarbeiter nachvollziehen. Die Unternehmensführung sollte auch in der Umsetzung der Anforderungen mit gutem Beispiel vorangehen. Wird das Thema Reklamation von der Geschäftsleitung nicht ernstgenommen oder falsch kommuniziert, werden die Mitarbeiter dem schlechten Beispiel folgen.

10.8 Zehntes Gebot

Lösen Sie Reklamationen schnell, professionell und aus Sicht des Kunden. Sehen Sie Reklamationen als Chance, um Unternehmensprozesse zu optimieren und Kunden zufriedenzustellen.

Im nächsten Abschnitt geht es um die Bedeutung der Unternehmensführung in den Bereichen Kundenorientierung und Kundenzufriedenheit.

11. Kapitel

11

Kundenorientierte Unternehmensführung

Zur kundenorientierten Unternehmensführung zählt auch, dem Kunden den Aufenthalt im Unternehmen so angenehm wie möglich zu gestalten. Dies gilt auch oder im Besonderen für Gastronomiebetriebe. Manchmal jedoch hat es den Anschein, dass sich die Unternehmensleitung wenig mit den Wünschen oder Erwartungen des Kunden auseinandersetzt.

Kinder gehen vor

So geschehen in einer Pizzeria in Nürnberg. An einem schönen Samstagnachmittag im Juni, nach einem längeren Einkaufsbummel, gingen meine Familie und ich in einer Pizzeria in der Nürnberger Innenstadt essen.

Unsere Familie besteht aus insgesamt vier Personen: meiner Frau, unseren beiden Kindern (9 und 5 Jahre alt) und meiner Person. Alle Familienmitglieder hatten zu diesem Zeitpunkt großen Hunger und warteten sehnsüchtig auf das bestellte Essen.

Es ist uns nun schon öfters passiert, unabhängig vom Gericht und Restaurant, dass die Speisen für meine Frau und mich deutlich vor den Mahlzeiten unserer Kinder serviert wurden. Aus welchen Gründen ist mir persönlich bis heute ein Rätsel.

Waren Sie schon einmal mit hungrigen Kindern, im o. a. Alter essen und haben Ihr Gericht vor Ihren Kindern bekommen? Entweder teilen Sie Ihr Essen unter den Kindern auf oder Sie müssen sich gefühlte hundert Mal die Frage anhören, wann nun endlich ihr Essen komme. Ganz zu schweigen vom schlechten Gewissen, das Sie überfällt, wenn Sie versuchen vorher Ihr Essen anzurühren.

Warum ist das so?

Steckt ein unlösbares, logistisches Problem dahinter, den Kindern zuerst das Essen zu servieren oder fehlt einfach das Fingerspitzengefühl dafür, wie sich Eltern mit kleinen Kindern fühlen, wenn die Erwachsenen zuerst die bestellten Gerichte bekommen? Vielleicht ist es auch einfach nur Gedankenlosigkeit oder den Abläufen in der Küche geschuldet. Ich kann Ihnen diese Frage beim besten Willen nicht beantworten. Doch zumindest in dieser Pizzeria ging ich der Frage nach und fragte die Bedienung, warum dies so sei.

Die sehr nette Dame, Mitte zwanzig, keine Kinder, verstand mein Anliegen sofort, konnte sich diesen Ablauf aber auch nicht erklären. Sie ging in die Küche und stellte dem Koch die gleiche Frage, denn neben uns waren noch andere Eltern mit Kindern anwesend, denen das gleiche Schicksal widerfuhr.

Irgendwann bekam der Inhaber Wind von der Sache und gesellte sich zu uns. Er gab zu, sich mit diesem Tatbestand noch nicht auseinandergesetzt zu haben, versprach aber, dass er sich zur Lösung des Problems etwas einfallen lassen würde.

Rund drei Monate später besuchten wir erneut dieses Restaurant und siehe da, tatsächlich bekamen unsere Kinder zuerst ihr Essen und dann wir. Die Bedienung erinnerte sich an uns, nahm sich ein wenig Zeit und erklärte voller Stolz, dass bei der Abgabe der Bestellungen in der Küche alle Gerichte für Kinder mit einem „K“ gekennzeichnet werden, um somit den Köchen zu signalisieren, dass diese Gerichte für Kinder bestellt wurden und zuerst zubereitet werden sollten.

Was war hier besonders gut?

☐ die Umsetzung des Kundenwunsches

☐ das Verständnis der Bedienung für die Situation

☐ das Interesse des Inhabers

Dieses Beispiel zeigt eindeutig, dass die Anliegen der Kunden, wenn Sie von der Unternehmensleitung wahrgenommen werden, durchaus ernsthaft verfolgt werden. Wir für unseren Teil werden, wenn wir in Nürnberg sind, immer gerne einen Abstecher in die Pizzeria machen.

11.1 Aus- und Weiterbildung – Pizza oder Nudeln?

Kundenorientierte Unternehmensführung fängt bei der Strukturierung der Abläufe und internen Prozesse an und endet in der Darstellung der Aufbauorganisation, bzw. in den einzelnen Hierarchieebenen des Unternehmens. Dies betrifft auch die Aus- und Weiterbildung der Führungskräfte. Es reicht heutzutage bei Weitem nicht mehr aus, Führungskräfte nach „Schema F“ auszubilden und zu hoffen, dass sie ihren Weg gehen werden. Für den Wissensaufbau bei Führungskräften in den Bereichen Personalführung und Personalentwicklung ist das innerbetriebliche Qualitätsmanagement mitverantwortlich. Führungskräfte müssen heute viel mehr Zeit und Engagement in die Aus- und Weiterbildung ihrer Mitarbeiter investieren, als vielleicht noch vor zehn Jahren. Durch schlankere Strukturen in Unternehmen übernehmen Verkäufer immer mehr Verantwortung für einzelne Prozesse in ihren Abteilungen. Um Mitarbeiter in ihrem Streben nach mehr Eigenverantwortung zu unterstützen, zeichnet sich das innerbetriebliche Qualitätsmanagement, im Sektor Schulungen und Weiterbildungen, verantwortlich.

Delegation von Kompetenz und Verantwortung sind feste Bestandteile eines professionellen Qualitätsmanagements. Erhalten Mitarbeiter nicht die notwendigen Kompetenzen und Freiräume, um Entscheidungen, in einem vorher abgesteckten Rahmen, selbst treffen zu können, sind Abstriche bei der Qualität der Kundenorientierung festzustellen. Höchste Qualität erreicht man nur, wenn neben regelmäßigen Schulungen der Mitarbeiter auch wiederkehrende Kontrollen über die Inhalte der Schulungen stattfinden. Für Mitarbeiter steht das selbstständige Bearbeiten von Problemen und für Führungskräfte die damit verbundene Qualitätskontrolle im Vordergrund.

Erfolgt keine regelmäßige Kontrolle der Lerninhalte treten die Probleme erst dann zutage, wenn bereits ein Fehler aufgetreten ist. Wie schnell ein Missverständnis innerhalb einer Schulung entstehen kann und welche Probleme bei fehlender Kontrolle auftreten können, zeigt folgendes Beispiel.

Nonverbale Signale richtig deuten

Versetzen Sie sich in die Situation einer Führungskraft, die einmal pro Woche Schulungen zu fachlich aktuellen Themen durchführt. Die Abteilung besteht aus sieben Verkäufern und die Schulungen haben im Durchschnitt eine Dauer von ca. 10 Minuten. Die Führungskraft verwendet zur Schulung ein Flip-Chart und hat die wesentlichen Inhalte auf diesem dokumentiert.

Während der Schulung nickt ein Mitarbeiter zustimmend, derweilen die Führungskraft nochmals auf die Wichtigkeit des zu schulenden Themas hinweist.

Wie würden Sie dieses Kopfnicken interpretieren?

- ☐ Der Mitarbeiter hat die Inhalte verstanden, sonst würde er nicht nicken.
- ☐ Das Kopfnicken kann, muss aber nicht, ein Signal des Verstehens sein.
- ☐ Trotz Kopfnicken sollte im Nachgang eine Kontrolle erfolgen, ob der Mitarbeiter den Inhalt der Schulung verstanden hat.

Diese Art der nonverbalen Kommunikation kann dazu führen, dass beide Parteien das zustimmende Nicken völlig unterschiedlich interpretieren. Die Führungskraft deutet das Nicken als Zustimmung und geht davon aus, dass der Mitarbeiter die Inhalte der Schulung verstanden hat. Sie hat von ihm einen positiven Eindruck. Der Mitarbeiter hingegen dachte an das abends stattfindende Fußballspiel und überlegte sich, ob er Pizza oder Nudeln zur Liveübertragung essen soll. Nach kurzer Bedenkzeit entschied er sich für Nudeln und dokumentierte diese Tatsache durch leichtes Kopfnicken.

Geht die Führungskraft nun davon aus, dass der Mitarbeiter durch sein Nicken Zustimmung signalisierte und sie vergewissert sich nicht, ob der Inhalt der Schulung verstanden wurde, können nach einer gewissen Zeit fachliche Probleme auftreten. Dann ist es aber bereits zu spät. Um solche Probleme zu vermeiden sollte die Führungskraft mit jedem Mitarbeiter in den nächsten Stunden und Tagen einzeln ein Gespräch führen, um herauszufinden, ob die Erkenntnisse aus der Schulung vorhanden sind oder nicht. Dies kann auf dem gemeinsamen Weg zur Kantine, aber auch zwanglos beim nächsten Aufeinandertreffen erfolgen.

Sollte die Führungskraft unmittelbar nach der Schulung einige Verständnisfragen an die gesamte Gruppe richten, werden sich nur die Mitarbeiter melden oder daran beteiligen, die den Inhalt der Kurzschulung verstanden haben. Diejenigen, die noch Defizite aufweisen oder gar nicht zugehört haben, wie unser Freund mit den Nudeln, werden schweigen.

Anfänglich liegt es durchaus im Rahmen des Möglichen, dass die Ergebnisse der durchgeführten Wissenskontrollen nicht zufriedenstellend ausfallen. Manchmal entsteht sogar der Eindruck, man habe, als Führungskraft, an der Schulung, die man selber gehalten hat, nicht teilgenommen, so groß können die Diskrepanzen zwischen den Antworten und Zusammenfassungen der einzelnen Mitarbeiter und den Lerninhalten sein.

Qualitätsmanagement zeichnet sich nicht nur durch die Optimierung der einzelnen Prozesse innerhalb der Produktion oder der vertriebsorientierten Vermarktung aus, sondern ist auch ein wesentlicher Bestandteil in der Aus- und Weiterbildung von Mitarbeitern und Führungskräften.

Unterbleiben regelmäßige Schulungen der Mitarbeiter und Führungskräfte oder wird dem gesamten Thema Weiterbildung wenig Bedeutung beigemessen, kann dies zu Missmanagement führen

Mit unterschiedlichen Maßnahmen kann das Bewusstsein für das richtige Handeln geschärft werden.

Die Delegation von Kompetenz und Verantwortung und die immer wiederkehrende Kontrolle der geforderten Leistungen sowie das permanente Hinterfragen der eigenen Person sind Basiselemente einer kundenorientierten Unternehmensführung und somit Strukturelemente, um Missmanagement zu vermeiden.

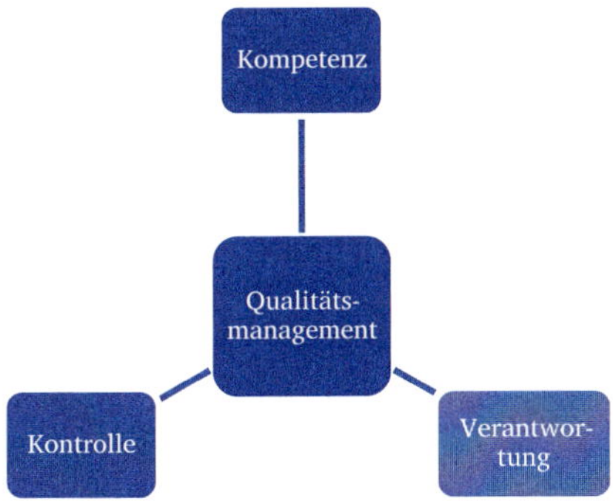

Qualitätsmanagement bei Führungskräften

Das Qualitätsmanagement, im Hinblick auf eine stark ausgeprägte Kundenorientierung, verlangt nicht nur von den Führungskräften selbstständiges Denken und Handeln, sondern auch von den Mitarbeitern. Hierzu müssen einerseits die Voraussetzungen, wie die Delegation von Kompetenz und Verantwortung seitens des Top-Managements vorliegen, andererseits bedarf es einer gewissenhaften Kontrolle der einzelnen Anweisungen und Schulungen durch das Middle- und Lower-Management. Nur so ist das Ziel, ein konstantes Niveau der Umsetzung der Kundenorientierung zu erreichen, realisierbar.

Doch wie lässt sich kundenorientierte Unternehmensführung täglich üben, bzw. permanent verbessern? Hierzu gibt der Management-Regelkreis im nächsten Kapitel einige interessante Anregungen.

11.2 Management-Regelkreis

Eines der wichtigsten Instrumente im Management stellt der sogenannte Management-Regelkreis dar. Er ist ein Basiselement innerhalb der Unternehmensstruktur und dient zur Verbesserung und Optimierung aller Prozesse und Abläufe im Unternehmen. Gerade im Hinblick auf eine kundenorientierte Unternehmensführung ist der Management-Regelkreis ein unverzichtbares Instrumentarium innerhalb des Beziehungsdreiecks Kunde – Mitarbeiter – Führungskraft.

Der Management-Regelkreis hat in seiner Grundkonzeption folgende Inhalte: Analyse, Zielsetzung, Planung, Organisation, Umsetzung und Kontrolle. Grafisch wird er wie folgt dargestellt:

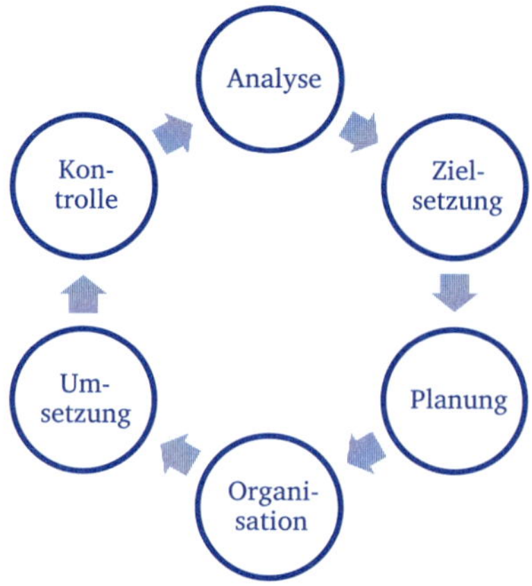

Management-Regelkreis

Analyse

In der Analyse werden die Ausgangsbedingungen anhand eines Situationschecks bestimmt, hierbei lauten die häufigsten Fragen:

- Welche Ressourcen stehen zur Verfügung?
- Welche Rahmenbedingungen müssen in späteren Schritten, beispielsweise bei der Planung, berücksichtigt werden?
- Welche Vorgaben seitens der Unternehmensleitung müssen beachtet werden?
- Welche Beziehungen zwischen Kunden, Mitarbeitern und Lieferanten sind für die Kundenorientierung wichtig?

Zielsetzung

Eine klare und eindeutige Definition von Zielen ist unabdingbar, da ansonsten die Gefahr besteht, dass Ziele unterschiedlich interpretiert werden. Dies würde das Gesamtergebnis negativ beeinflussen. Zur genauen Zieldefinition bietet sich die SMART-Regel an (siehe Abschnitt 7.3).

- Was soll im Detail erreicht werden?
- Sind die Vorstellungen realistisch und umsetzbar?
- Bis wann soll das Ziel umgesetzt werden?

Planung

Die Planung legt die einzelnen Schritte zur späteren Realisierung fest. Sie definiert, wer für was bis wann zuständig ist und zerlegt den gesamten Prozess in einzelne Planungsphasen, um Übersichtlichkeit und Nachprüfbarkeit zu gewährleisten. In der Planungsphase werden auch das Risikomanagement vorbereitet und eventuelle Notfallstrategien entwickelt.

- Welche Lösungsansätze sind denkbar?
- Welches Risikomanagement ist erforderlich?
- Wer übernimmt welche Aufgaben?
- Welche Alternativen zur erfolgreichen Umsetzung sind denkbar?
- Wie lautet die Notfallstrategie?

Organisation

Die Organisation schafft die Voraussetzungen zu einer erfolgreichen Umsetzung der einzelnen Maßnahmen. Die notwendigen Ressourcen werden bereitgestellt und alle relevanten Schritte eingeleitet.

- Wie können die einzelnen Ressourcen bereitgestellt werden?
- Welche kostengünstigen Möglichkeiten gibt es?
- Wer organisiert welche Ressourcen?

Umsetzung

Bisher wurden verschiedene Planungsszenarien durchgesprochen und die bestmögliche Variante bestimmt. Nun beginnt mit der Umsetzung die eigentliche Steuerung des Vorhabens. Jetzt zeigt sich, wie hoch die Qualität der einzelnen Vorarbeiten war und ob die Planung realistisch umgesetzt werden kann.

- Welche unvorhergesehenen Ereignisse, die plötzlich eingetreten sind, müssen gelöst werden?
- Welche Differenzen im Soll-Ist-Vergleich sind zu lösen?

Bezüglich einer Schulungsmaßnahme oder einer Weiterbildung könnten sich folgende Fragen ergeben:

- Verstehen die Mitarbeiter die Inhalte?
- Kommt es zu Unter- oder Überforderung?

Kontrolle

Die Kontrolle ermöglicht eine Beurteilung, ob die durchgeführten Maßnahmen vom Mitarbeiter verstanden und umgesetzt wurden. Eine spätere Evaluierung bewertet diese hinsichtlich des Erfolges für das Gesamtunternehmen. Hat sich die Maßnahme im Sinne des Unternehmens gelohnt?

- Ist eine Steigerung der Kundenorientierung und vor allem der Kundenzufriedenheit feststellbar?
- Haben sich die Mitarbeiter in ihrem persönlichen Wissensstand weiterentwickelt?
- Gibt es Mitarbeiter, bei denen weiterer Schulungsbedarf festgestellt wurde?

- Wie ist die Reaktion der Mitarbeiter ausgefallen? Wie bewertet der Mitarbeiter die Maßnahme? Steht er dahinter?

- Konnte bereits eine positive Veränderung des Images des Unternehmens wahrgenommen werden?

Der Management-Regelkreis ist in einer Kreisform angelegt, da die Entwicklung mit der Umsetzung der letzten Stufe nicht abgeschlossen ist. Durch die kreisförmige Anordnung werden immer wieder Fragen aufgeworfen, die eine permanente Entwicklung der Inhalte und eine Anpassung an dynamische Veränderungen erfordern. Sind die Ziele noch aktuell oder entspricht die Planung noch den aktuellen gesellschaftlichen und ökonomischen Entwicklungen?

Der Management-Regelkreis ist *ein* Instrumente zur Umsetzung der kundenorientierten Unternehmensführung, aber nicht das einzige. Unterschiedliche Führungsstile beeinflussen das kundenorientierte Verhalten und die Grundlagen zur Entwicklung der Kundenzufriedenheit ebenso.

11.3 Führungsstile beeinflussen die Kundenorientierung

Der Begriff „Führungsstil" setzt sich aus den beiden Wörtern „Führung" und „Stil" zusammen. „Führung" zielt darauf ab Menschen in eine bestimmte Richtung zu steuern, um ein bestimmtes Ziel zu erreichen und das Wort „Stil" bezieht sich auf die Art und Weise, wie dies realisiert werden soll.

Unterschiedliche Führungsstile haben unterschiedlichen Einfluss auf die gelebte Kundenorientierung im Unternehmen. Je nach Führungsstil ist der Einfluss der Mitarbeiter und des Managements auf die kundenorientierten Maßnahmen unterschiedlich stark.

Bei den Führungsstilen werden eindimensionale, zweidimensionale und dreidimensionale Strukturen unterschieden. Zu den erstgenannten gehören die bekannten Führungsstile: autoritär, kooperativ und demokratisch, wohingegen sich der zweidimensionale Führungsstil aus einer leistungsorientierten und einer persönlichen/mitarbeiterorientierten Komponente zusammensetzt. Der dreidimensionale Führungsstil, auch situativer Führungsstil, genannt, zeichnet sich durch ein Zusammenspiel von Mitarbeiter, Führungskraft und Aufgabe aus.

Aus Vereinfachungsgründen gehe ich hier lediglich auf den eindimensionalen Führungsstil ein, da er die Basis für die weiteren Führungsstile bildet.

Von Robert Tannenbaum und Warren H. Schmidt wurden bereits 1958 sieben unterschiedliche Formen des eindimensionalen Führungsstils beschrieben. Angefangen vom autoritären über den patriarchalischen und den kooperativen bis hin zum demokratischen Führungsstil. Im Folgenden werden drei der sieben genannten Formen und deren Wirkung auf eine kundenorientierte Unternehmensführung analysiert.

Autoritärer Führungsstil

Basis des autoritären Führungsstils ist die unmittelbare Entscheidungsgewalt durch den Vorgesetzten bzw. die Unternehmensleitung. Entscheidungen und Maßnahmen werden sehr zeitnah umgesetzt und führen somit zu hoher Produktivität. Gehen allerdings die eingeleiteten Maßnahmen am Ziel vorbei, steht niemand im Unternehmen zur Verfügung, der die Entscheidungen der autoritären Unternehmensleitung hinterfragt bzw. sich kritisch damit auseinandersetzt.

Ebenso wird die Selbstständigkeit der Mitarbeiter durch diesen Führungsstil nicht gerade gefördert. Die Mitarbeitermotivation lässt durch fehlende Einflussnahme auf kundenorientierte Maßnahmen nach, und die Mitarbeiterzufriedenheit, die einen sehr hohen Einfluss auf die Kundenzufriedenheit hat, schwindet.

Somit ist der autoritäre Führungsstil zur Entwicklung einer kundenorientierten Unternehmensführung, wenn diese von Mitarbeitern und Führungskräften gemeinsam entwickelt werden soll, nur bedingt geeignet.

Kooperativer Führungsstil

Im Gegensatz zum autoritären Führungsstil wird bei der kooperativen Variante Engagement und Kreativität der Mitarbeiter bewusst gefördert und auch gefordert. Das Wesen des kooperativen Führungsstils zeichnet sich durch einen hohen Grad an Mitwirkung der Mitarbeiter an den meisten operativen und taktischen Entwicklungen im Unternehmen aus. Hierunter fallen auch die kundenorientierten Maßnahmen. Die Unternehmensführung informiert die Mitarbeiter über anstehende Maßnahmen und bezieht diese in die Entscheidungen und die daraus abgeleiteten Prozesse mit ein. Die Mitarbeiter haben die Möglichkeit, eigene Ideen einzubringen sowie Vorschläge und Konzepte zu entwickeln, die die Unternehmensleitung in ihre Beschlüsse einfließen lässt.

Der kooperative Führungsstil führt zu einer hohen Mitarbeitermotivation durch die Einbeziehung des Personals in den Entwicklungsprozess der verschiedenen Maßnahmen. Hohe Mitarbeiterzufriedenheit bedeutet in der Regel steigende Kundenzufriedenheit.

Als nachteilig wirkt sich beim kooperativen Führungsstil die zeitliche Komponente aus. Wenn die Unternehmensleitung bewusst die Meinungen der Mitarbeiter integrieren möchte, dauern Entscheidungsprozesse länger.

Demokratischer Führungsstil

Als Gegenstück zum autoritären Führungsstil gilt der demokratische Führungsstil, der auf Entscheidungen der Mitarbeiter beruht. Der Vorgesetzte entwickelt Überlegungen zu einzelnen kundenorientierten Maßnahmen, stellt diese den Mitarbeitern vor und diese entscheiden in einem demokratischen Prozess über die Umsetzung. Die Unternehmensleitung steckt hierbei lediglich den Rahmen der Möglichkeiten, meist finanzieller Natur, ab. Die Aufgaben der Verantwortlichen haben eher koordinierenden Charakter. Der demokratische Führungsstil findet in der Praxis in Wirtschaftsunternehmen wenig Anwendung.

Welcher Führungsstil ist der beste?

Eine generelle Aussage, welcher der drei hier erwähnten Führungsstile, autoritär, kooperativ oder demokratisch, der bessere ist, lässt sich nicht pauschal beantworten. Je nach Branche hat jeder Führungsstil in unterschiedlichen Situationen durchaus seine Berechtigung. Die Entscheidung ist einerseits von der fachlichen Qualifikation der Mitarbeiter sowie der Führungskompetenz der Unternehmensleitung abhängig, andererseits wird sie aber auch vom wirtschaftlichen Umfeld und den begleitenden Rahmenbedingungen bestimmt.

Unabhängig vom Führungsstil gilt die Verkaufssteuerung als weiteres Kriterium einer kundenorientierten Unternehmensführung. Bei bedienungsintensiven Bereichen nehmen im operativen, täglichen Geschäft die Zuteilung der Verkäufer auf die einzelnen Kunden und die Umsetzung der optimalen Verkaufsbereitschaft eine wichtige Rolle ein. In Kapitel 12 werden die wesentlichen Elemente der Verkaufssteuerung beschrieben.

12. Kapitel

12

Rolle der Führungskraft bei der Verkaufssteuerung

Aus Wartezeiten Genussphasen machen

In einem Möbeleinrichtungshaus fanden interessierte Kunden in der Küchenabteilung an Samstagen oft keine freien Ansprechpartner und verließen daraufhin enttäuscht das Einrichtungshaus. Diesem Defizit wurde Abhilfe geschaffen. Mittlerweile empfängt ein Mitarbeiter die Kunden, beantwortet die ersten Fragen und teilt die potenziellen Käufer seinen Kollegen zu. Kann den Kunden kein Mitarbeiter zugeteilt werden, da alle Verkäufer „besetzt" sind, bietet er den Kunden einen Platz in einer gemütlichen Sitzecke an und verköstigt sie mit frisch gekochtem Kaffee und Kuchen oder einem Glas Prosecco. Dieser Verkäufer füllt den ganzen Tag nur eine Funktion aus, er durchläuft permanent die gesamte Küchenabteilung und kümmert sich um die bestmögliche Betreuung der Kunden.

Was läuft hier richtig?

Welche Maßnahme der Kundenorientierung halten Sie hier für besonders gelungen?

- ☐ Die Kunden fühlen sich durch die Bewirtung wertgeschätzt.
- ☐ Kein Kunde verlässt die Küchenabteilung, ohne angesprochen zu werden.
- ☐ Es gibt einen gemütlichen Wartebereich.

Vermutlich ist Ihnen die Wahl schwer gefallen und damit haben Sie recht. Jede einzelne Maßnahme ist ein gutes Beispiel für gelungene

Kundenorientierung. Man hat hier das Angenehme mit dem Nützlichen verbunden, denn es wird nicht nur dem Kunden hohe Wertschätzung entgegengebracht, sondern gleichzeitig auch ein strukturelles Problem beseitigt. Durch ein rollierendes System werden alle Verkäufer innerhalb eines Jahres gleich häufig eingesetzt.

Es ist gewährleistet, dass alle interessierten Kunden angesprochen werden und kein Kunde, auch bei längeren Wartezeiten, enttäuscht und verärgert das Haus verlässt.

Diese Art der Verkaufssteuerung findet nicht nur auf Kundenseite große Zustimmung, sie schärft auch das Auge des Verkäufers für den gesamten Bereich und lässt ihn Defizite innerhalb der Küchenabteilung schneller erkennen und beheben.

Verkaufssteuerung beinhaltet im engeren Sinne nichts anderes, als Produkte, Personal, Informationen und andere Ressourcen dem Kunden zum richtigen Zeitpunkt, am richtigen Ort und in der richtigen Dosierung zur Verfügung zu stellen. Eine optimale Verkaufssteuerung führt zwangsweise zu höheren Umsätzen und bei gleichen Kosten auch zu höheren Gewinnen.

Die Regeln zur Umsetzung einer erfolgreichen Verkaufssteuerung werden von der Geschäftsleitung vorgegeben. Die Verkaufssteuerung bildet den Motor des gesamten Vertriebssystems des Unternehmens. Sie setzt die von der Unternehmensleitung festgelegten Ziele im operativen Tagesgeschäft um. Strategische Ziele der Unternehmensführung werden somit durch die Verkaufssteuerung konkretisiert und in gangbare Maßnahmen umgesetzt.

Wesentliche Aufgaben der Verkaufssteuerung sind u. a.:

- Schaffung optimaler Rahmenbedingungen für die Verkäufer
- Bereitstellung der notwendigen Unterlagen und Informationen für den gesamten Verkauf
- Gesamtsteuerung der Verkäufer
- Präsentation des gesamten Leistungsspektrums des Unternehmens, inklusive der kundengerechten Umsetzung saisonaler Themen (neben den wiederkehrenden zyklischen Anlässen gibt es auch eine ganze Reihe regionaler Events, um Kunden für sich zu gewinnen).

Effektive Verkaufssteuerung setzt eine intakte, funktionierende EDV voraus. Kennzahlen, die zur Analyse der internen und externen

Situation und zur Ableitung neuer Maßnahmen verwandt werden, müssen verlässlich und genau sein. Durch die Kurzlebigkeit vieler Produkte sind fundierte Informationen über Abverkäufe, Lagerbestände etc. von größter Bedeutung.

Eine erfolgreiche Verkaufssteuerung bedient sich zahlreicher Instrumente und ist heutzutage ein Mix aus unterschiedlichen Maßnahmen:

- Analyse EDV-gestützter Kennzahlen
- Berücksichtigung des Marketing-Aktivitäten-Plans
- Aktuelle Verkaufsunterlagen für die Mitarbeiter
- Bereitstellung der technischen Komponenten für den Verkauf
- Strukturierte und kundenorientierte Personaleinsatzplanung,
- ...

Die Verkaufssteuerung gewinnt insbesondere in Zeiten geringen Wachstums und zunehmenden Wettbewerbs stark an Bedeutung. Das Streben nach permanenter Umsatzsteigerung ohne Kundenorientierung ist ein Auslaufmodell. Heute lautet das Ziel: Erfolgreiche Verkaufssteuerung zur Verbesserung der Kundenbindung.

Durch gestiegene Kundenerwartungen wächst auch die Herausforderung für Verkäufer, diesen Ansprüchen gerecht zu werden. Hinzu kommt, dass der tägliche Kampf um die Gunst des Kunden immer intensiver und schwieriger wird. In dieser Situation kommt der Führungskraft eine zentrale Rolle zu: Sie muss die von ihr verantworteten Maßnahmen zielgerecht einsetzen und die Verkäufer hinsichtlich der Umsetzung motivieren und führen.

Führungskräfte, egal welcher Branche, haben hinsichtlich der Verkaufssteuerung ähnliche Aufgaben. Um sie zu beherrschen, muss man sie erst einmal kennen.

Neben verschiedensten organisatorischen Aufgaben haben Sie die Verpflichtung die fachlich und disziplinarisch unterstellten Verkäufer zu beobachten und zu bewerten. Hierbei liegt der Schwerpunkt Ihrer Tätigkeit, neben den ökonomischen Komponenten, auf der Analyse und Umsetzung der richtigen Methoden und Instrumente bei der Kundenberatung. Abweichungen zu den vorher besprochenen und festgelegten Vorgehensweisen werden von Ihnen besprochen und korrigiert. Ihre Aufgaben beziehen sich nicht nur auf die Ausbildung und Betreuung der einzelnen Verkäufer, sondern auch auf der Organisation und Optimierung aller anderen notwendigen Ressourcen, wie Material, Personaleinsatzplanung und finanzieller Mittel.

Führungskräfte sollten den ihnen unterstellten Bereich wie ihr eigenes Unternehmen führen und immer aus Sicht des Kunden denken und handeln. Die Führungskraft ist für alle Abläufe und Prozesse innerhalb „ihrer" Abteilung verantwortlich und lenkt somit einen großen Teil der Verkaufssteuerung.

Ein weiterer Schwerpunkt der Verkaufssteuerung beinhaltet die Aufgabe der Führungskraft Verkäufer an das Unternehmen zu binden und ihre Loyalität, ihr Engagement und ihre Leistungsfähigkeit zu optimieren. Nur Mitarbeiter, die sich mit der eigenen Tätigkeit identifizieren und sich stark mit dem Unternehmen verbunden fühlen, setzen die verlangte kundenorientierte Verkaufssteuerung zufriedenstellend um. Dies erfordert von den Führungskräften unternehmerisches Denken und die Gabe das gesamte Team mitzureißen. Als „Unternehmer vor Ort" soll die Führungskraft den unterstellten Bereich leiten und die Kundenorientierung zielführend verbessern.

i

Führungsaufgaben bei der Verkaufssteuerung

- Steuern der eigenen Abteilung als „Unternehmer vor Ort"
- Motivation der Verkäufer jeden Tag das Beste zu geben
- Schulung und Weiterbildung der Verkäufer, um sie auf dem neusten Stand zu halten
- Beobachtung und Bewertung der einzelnen Verkäufer, um Verbesserungspotenziale zu erkennen
- Bereitstellung aller notwendigen Ressourcen für eine erfolgreiche Verkaufsberatung
- Überwachung und Analyse der betriebswirtschaftlichen Kennzahlen, um die gesteckten Ziele zu erreichen
- Soll-Ist-Vergleich, um Abweichungen zu erkennen und Maßnahmen zur Gegensteuerung zu ergreifen

Stichwortverzeichnis

A

after-Sale-Service 123
AIDA-Formel 32
Aktionsfläche 170
Alleinstellungsmerkmal 178
Alternativfragen 80
Analyse 208
Anerkennung 144
Ansprache 72
Appellseite 57
Arbeitskleidung 30
Arbeitsklima 144
at-Sale-Service 123
Ausnahmesituation 201
autoritär 211

B

Bedarfsermittlung 85, 90
bedingungslose Kundenorientierung 136
Bedürfnisse 38
Beleuchtung 168
Beratung 23
Beratungsphase 98
Beschwerde 198
Beschwerdemanagement 198
Bestandskunden 23
Beurteilung 153
Beziehungsebene 55
Beziehungsseite 57

C

Checkliste Abschluss 101
Checkliste für Mitarbeiter 148
Checkliste Handelsunternehmen 148
Checkliste Jahresgespräch 150
Checkliste Kundengarantien 138
Checkliste Kundenorientierung 131
Checkliste Verkaufsgespräch 40
Corporate Identity 29
Customer Relationship Management 121, 122

D

demokratischer Führungsstil 213
Dienstleistungen 36
Direct Marketing 121
dreidimensionaler Führungsstil 211

E

Ehrlichkeit 194, 197
eindimensionaler Führungsstil 212
Einwände 103, 105
Eisberg Modell 54
Entscheidungsgarantie 139
Entschuldigung 198
enttäuschte Kunden 167
Erbauungsnutzen 118
erfolgreiches Verkaufen 24

Erfolgsfaktor 143
Erfolgsformel 24
Erfüllungsgarantie 138
Erwartungspyramide 136

F
Facebook 50, 133
Fachkompetenz 22, 161
Fachwissen 24
Fragebogen Verkäufereigenschaften 16
Fragetechniken 78
Freundlichkeitsgarantie 139
Führungskraft 218
Führungsstil 211

G
Garantie 26
Geltungsnutzen 118
geschlossene Fragen 78
Gestik 75
Glaubwürdigkeit 164

H
Hilfsbereitschaft 194

I
innere Einstellung 63
intelligente Selbstbedienung 161
intrinsische Motivation 144

J
Jahresgespräch 149, 150

K
Kaufwunsch 48
Know-how 195
Kommunikation 190
Kommunikationsregeln 45
Kompetenz 205
Kontrolle 208
Kontrollgarantie 139
kooperativ 211
Körpersprache 52, 59
Kundenansprache 69
Kundenbeziehung 48
Kundenbindung 22, 27, 121, 127
Kundenbindungsinstrument 187
Kundenerwartungen 36
Kundengespräch 28
Kundengewinnung 121
Kundennutzen 49, 92, 97, 119, 133
kundenorientierte Unternehmensführung 203
Kundenorientierung 22, 28, 111, 113, 116, 121, 131, 147, 208
Kundentypen 15
Kundenwünsche 24
Kundenzufriedenheit 117, 119, 127, 143, 159, 167, 213

L
Lerngarantie 139

M
Management-Regelkreis 208
Maslow-Pyramide 38
Mimik 76
Mitarbeiterzufriedenheit 143, 213
Mittelpunktgarantie 138
Motivation 146
Muss-Artikel 165

N
Namensschild 29
Neukundengewinnung 23
nonverbale Kommunikation 51, 206
Notfallstrategien 209

O
offene Fragen 78
optimale Verkaufsbereitschaft 111, 161, 164
Organisation 208
out-of-Stock 165

P
Persönlichkeit 66
Planung 208
Präsenzgarantie 138
Preisaussagen 164

Preisauszeichnung 163
Preisempfinden 164
Preisfrage 92, 95
pre-Sale-Phase 122
pre-Sale-Service 122
Profi 98
pro-Kunde-Garantie 139

Q

Qualität 22, 131
Qualitätsgarantie 138
Qualitätsmanagement 205

R

Reklamation 192
Reklamationsbearbeitung 195
Reklamationsgarantie 139
Reklamationsmanagement 111, 195
rhetorische Fragen 79

S

Sachebene 56
Saisonkalender 170
Sauberkeit 161, 167
Sauberkeitsgarantie 139
Schnelligkeitsgarantie 138
Schuldfrage 197
Schulz von Thun, Friedemann 56
Selbstoffenbarung 56
Sender 45
Serviceorientierung 22, 194
Signale 45
Skype 50
SMART-Regel 152, 209
Social Media 128
Suggestivfragen 80
Sympathiephase 87

T

Twitter 50

U

Umfeldbedingungen 16
Umsetzung 208
Umsetzungsgarantie 138
Umtauschgarantie 138
Unternehmensanalyse 179
Unternehmensführung 201, 216
Unterstützungsgarantie 138
Unzufriedenheit 119
USP-Faktor 177

V

Veränderungsprozesse 23
Verantwortung 144, 205
Verbesserungsgarantie 139
Verkaufsberatung 31
Verkaufsgespräch 29, 39, 43, 74, 89
Verkaufsphasen 85, 108
Verkaufssteuerung 213, 216, 217
Verkaufstechnik 34
Vertrauensgarantie 138
Vertrieb 31
Vorbildgarantie 139
Vorschlagswesen 145

W

Wann-Frage 92
Warenpräsentation 169
Watzlawick, Paul 53
Web 2.0 50
Weiterbildung 24, 27
Wertschöpfungskette 23
Wettbewerbsvorteil 178
Win-win-Situation 199

X

XING 133

Z

Zeitfaktor 196
Zielfragen 78
Zielsetzung 208
Zufriedenheitsgarantie 138
Zusammenarbeit 149
Zusatznutzen 118
Zuverlässigkeit 22
Zwei-Augen-Garantie 139
zweidimensionaler Führungsstil 211

Disclaimer

Die Inhalte dieses Buches wurden mit größtmöglicher Sorgfalt erstellt. Der Autor übernimmt jedoch keinerlei Gewähr für die Aktualität, Korrektheit und Vollständigkeit der bereitgestellten Informationen. Haftungsansprüche gegen den Autor, welche sich auf Schäden materieller oder ideeller Art beziehen, die durch die Nutzung oder Nichtnutzung der dargebotenen Informationen bzw. durch die Nutzung fehlerhafter und unvollständiger Informationen verursacht wurden, sind grundsätzlich ausgeschlossen, sofern nicht durch den Leser ein grob fahrlässiges Verschulden des Autors nachgewiesen werden kann.

Des Weiteren weisen wir darauf hin, dass alle im Text verwendeten Namen frei erfunden wurden und jegliche Ähnlichkeiten zu realen Firmen und Personen sich rein zufällig ergeben.

Sofern Teile oder einzelne Formulierungen dieses Textes der geltenden Rechtslage nicht, nicht mehr oder nicht vollständig entsprechen sollten, bleiben die übrigen Teile des Dokumentes in ihrem Inhalt und ihrer Gültigkeit davon unberührt.